Heimische Schmetterlinge

Schönheit

Matthias Hendrichs
Alexander Beiter

Heimische Schmetterlinge

Gefährdete Schönheit

Verlag Schwäbisches Tagblatt

Für Antonius

Lektorat: Ulrich Janßen
Fotos: Dr. Heiko Bellmann, Prof. Franz Oberwinkler
Karten und Zeichnungen: Alexander Beiter
Umschlag- und Buchgestaltung: Evelyn Ellwart-Mitsanas
Druck: Gulde-Druck, Tübingen

2003 Tübingen
ISBN 3-928011-53-7

Inhalt

Geleitwort

Die Idee zu diesem Buch entstand im Verlauf der Lehrausstellung „Heimische Schmetterlinge", die beide Autoren zusammen mit Dr. Dominik Begerow im Botanischen Garten der Universität Tübingen im Jahr 2002 organisierten.
Wir danken den großen und kleinen Besuchern dieser Lehrausstellung, die uns mit ihrer anhaltenden Begeisterung inspiriert haben. Dem Verlag Schwäbisches Tagblatt gilt unser Dank, namentlich zwei Personen: Ulrich Janßen, der mit seinem Ja zu diesem Buch auch alle Mühen und Anstrengungen auf sich nahm, die mit der Aufgabe des Lektorats verbunden waren. Evelyn Ellwart-Mitsanas danken wir für die hervorragende grafische Zusammenarbeit, die zu dem führte, was Sie, verehrter Leser, jetzt in Händen halten: Ein ästhetischer Genuss, so nah an der Schönheit der Schmetterlinge, wie es uns möglich war. Dies wäre nicht möglich gewesen ohne die exzellenten Bilder von Dr. Heiko Bellmann, die schon die Präsentation in der Lehrausstellung und im Internet (www.heimische-schmetterlinge.de) bereichert haben.
Prof. Dr. Franz Oberwinkler hat uns als Direktor des Botanischen Gartens nicht nur jederzeit unterstützt, er hat auch die vielen Bilder, die in der Lehrausstellung entstanden sind, bereitwillig zur Verfügung gestellt.
Uwe Simon und Claus-Peter Lieckfeld danken wir herzlich für Textvorlagen zu einigen Schmetterlingen. Ebenso Dr. Norbert Trusch, der als ausgewiesener Fachmann einen einführenden Text zum Problem der Gefährdung und des Schutzes der heimischen Schmetterlinge beigetragen hat.
Ganz im Sinne unserer Lehrausstellung geben wir sämtliche Texte und Bilder für die Benutzung im Schulunterricht frei und hoffen, mit diesem Buch einen kleinen Beitrag zum besseren Verständnis für die Schönheit und Gefährdung der heimischen Schmetterlinge zu leisten.

Tübingen, im Sommer 2003,
Matthias Hendrichs, Alexander Beiter

Das Jahr der Schmetterlinge

Einleitung

Wenn wir an Schmetterlinge denken, denken wir unwillkürlich an Sommer. An blühende Wiesen, laue Lüfte, an Sonne und lange Abende. Dabei begleiten uns Schmetterlinge das ganze Jahr über, sogar im Winter finden wir sie – allerdings nur, wenn wir genau suchen. Die meiste Zeit ihres Lebens verbringen Schmetterlinge nämlich an Orten, an denen man sie nicht sieht. An verborgenen Plätzen und Winkeln, unter trockenem Laub oder, einsam hängend, an dürren Pflanzenstängeln.

Zwanzig heimische Schmetterlinge begleiten wir in diesem Buch durch das Jahr. Wir suchen ihre Eier auf ihren bevorzugten Nahrungspflanzen, beobachten die Raupen beim Fressen und Wachsen und sehen die Puppe bei ihrer wunderbaren Verwandlung zum Schmetterling. Wir sind

Nur wenige Tage nach der Eiablage schlüpfen die winzigen Raupen. Und sofort beginnt das große Fressen.

Das Jahr der Schmetterlinge

Die ausgewachsene Raupe hängt sich auf und häutet sich ein letztes Mal. Die grüne Puppe sieht noch aus wie ein eingerolltes Blatt. Kurz vor dem Schlüpfen schimmern schon die Farben des Schmetterlings durch die Puppenhaut.

Anfangs in schützenden Gespinsten, später auch vereinzelt wachsen die Raupen sehr schnell heran.

dabei, wenn der Schmetterling schlüpft und zu seinen ersten Flügen aufbricht und verfolgen ihn bei der Nahrungssuche, beim Liebesspiel und der Eiablage.
Auch die dramatischen Ereignisse, die normalerweise im Dunkel der Nacht verborgen bleiben, wollen wir beleuchten, die aufregenden Farben und Formen der Nachtfalter ans Tageslicht bringen. Wer weiß schon, wovon sich der gewaltige Totenkopfschwärmer ernährt und welche Nachtfalter auch am helllichten Tag unterwegs sind?
Für dieses Buch haben wir von den etwa 1500 heimischen Schmetterlingen die häufigen und besonders interessanten Arten ausgewählt. Sie sind, so weit dies möglich war, nach ihrem Auftreten im Jahreslauf geordnet. Das Buch gibt daher einen ebenso detailreichen wie repräsentativen Einblick in das vielfältige und überraschende Leben der heimischen Schmetterlinge.

Jede Schmetterlingsart hat ihre eigenen Fähigkeiten und Besonderheiten. Ihre Lieblingsorte, ihre Tricks bei der Partnersuche, bei der Eiablage, ihre eigene Zeit zum Schlüpfen. Aber eines haben alle gemeinsam: Nur als Raupe können sie wachsen. Die einen Arten leben ein paar Wochen, die anderen Monate im Raupenstadium, für alle aber gilt: Entscheidend für die Größe des Schmetterlings ist die Größe der Raupe in ihrem letzten Stadium.
Wie alle Insekten, leben die Schmetterlinge in einer starren äußeren Haut aus Chitin, die nicht mitwachsen kann. Damit haben die gefräßigen Raupen das Problem, dass ihnen ihr Kleid bald eine Nummer zu eng wird. Dafür gibt es nur eine Lösung: Die alte Haut muss weg und durch eine neue, größere und vielfach auch buntere Haut ersetzt werden. Kurz vor der Häutung unterbrechen die Raupen ihre Völlerei, verkriechen sich und warten in Ruhestellung, bis die alte Haut aufplatzt. Diese wird abgestreift und das Fressen kann weitergehen,bis auch die neue Haut wieder zu eng wird.
Die meisten Raupen brauchen vier Häutungen, um zur vollen Größe heranzuwachsen. Dann sucht sich die ausgewachsene Raupe einen geschützten Platz, vergräbt sich im Boden oder hängt sich an einen Zweig, um ein letztes Mal ihre Haut abzustreifen. Darunter kommt aber keine neue Raupe mehr zum Vorschein, sondern ein neues Wesen, die Puppe.

Mühsam zwängt sich der Falter aus der engen Verpackung. Ein gefährlicher Moment im Leben des Schmetterlings, denn die weichen Flügel müssen erst aushärten, bevor sie zum Fliegen geeignet sind.

Das Puppenstadium ist eine Ruhephase im Leben eines Schmetterlings. Ohne Beine, Mund und Augen wirkt die Puppe äußerlich wie tot. In ihrem Inneren aber vollzieht sich eine unglaubliche Verwandlung: Alle Organe der Raupe werden aufgelöst oder umgewandelt, große Augen, Fühler, ein Rüssel und die Flügel werden gebildet. Nach wenigen Wochen ist das Wunder in der Regel vollbracht, die Puppenhaut platzt auf, und ein junger Schmetterling schlüpft. Anfangs noch nass und platzsparend zusammengelegt, muss er zuerst seine Flügel entfalten, trocknen und aushärten, bevor er sich als Schmetterling in die Lüfte erhebt. Aus der hocheffektiven Fressmaschine ist ein graziler Falter geworden.

Tag- und Nachtfalter

Wie sie sich unterscheiden

Am Ende dünn auslaufend, bei den Männchen oft kammartig verbreitert: typische Fühlermerkmale der Nachtfalter.

Schätzungsweise 200 000 Schmetterlinge gibt es auf der Welt, in allen Formen, Größen und Farben. Diese Vielfalt lässt sich in zwei Gruppen einteilen: In eine kleinere Gruppe von Schmetterlingen, die ausschließlich am Tag unterwegs sind und eine große Gruppe von Arten, die lieber im Schutze der Nacht fliegen.
Zu den Tagfaltern (Rhopalocera) gehören die allermeisten der bekannten Schmetterlinge unserer Sommerwiesen, sie sind in unserem Buch mit einem roten Balken unter der Seitenzahl gekennzeichnet. Diese Schmetterlinge brauchen ausreichend Sonnenwärme, um fliegen zu können. Bei schlechtem Wetter und nach Untergang der Sonne suchen sie sich einen geschützten Platz zum Schlafen. In der Schlaf- und Ruhehaltung sind die Flügel der Tagfalter über dem Körper zusammengelegt. Die vergleichsweise unscheinbaren Farben der Flügelunterseiten bieten eine gute Tarnung.
Ein typischer Nachtfalter (Heterocera) wird dagegen am Abend oder sogar erst spät in der Nacht aktiv. Einige der großen Nachtfalter können ihre Flugmuskulatur durch Flügelzittern auf etwa 40 Grad aufheizen und sind damit unabhängig von den wärmenden Sonnenstrahlen. Manche Nachtfalter halten sich nicht an die starre Einteilung, so ist zum Beispiel das Taubenschwänzchen, ein Nachtfalter aus der Gruppe der Schwärmer, nur am Tag unterwegs, nachts sitzt es meist in größeren Schlafgemeinschaften an Felsen und Mauern. Unter den Nachtfaltern gibt es große und überaus auffällige Arten, wie den Oleanderschwärmer oder das

Die an der Spitze keulenförmig verdickten Fühler kennzeichnen den Tagfalter, hier der Schwalbenschwanz.

Kleine Nachtpfauenauge, der Totenkopfschwärmer ist mit etwa neun Gramm der schwerste heimische Schmetterling überhaupt. Zu den Nachtfaltern werden aber auch die kleinen und unauffälligen Arten gezählt, die mit der Bezeichnung „Motte" umgangssprachlich eher abwertend zusammengefasst werden.
Wichtigstes Unterscheidungsmerkmal zwischen Tag- und Nachtfaltern ist die Form der Fühler. Bei den Tagfaltern tragen Männchen und Weibchen zum Ende hin keulenförmig verdickte Fühler. Bei den Nachtfaltern laufen die Fühler in einer Spitze aus und haben kammartige Gestalt. Wie der lateinische Name schon andeutet, besitzen die Männchen im Unterschied zu den Weibchen oft sehr breit gefächerte Fühler. Alle Nachtfalter haben einen besonders gut entwickelten Riechsinn.
Das ist leicht einsehbar, denn in der Nacht kann man nicht nach bunten Blüten suchen. Auch die Geschlechtspartner können nicht am Flügelmuster oder aufreizenden Balzflügen erkannt werden, wie bei den Tagfaltern üblich, sondern werden über Duftstoffe erkannt. Ein paarungsbereites Weibchen braucht nur winzige Mengen

ihres Lockstoffes zu verströmen, den hochsensiblen Riechzellen der Männchen entgeht diese Liebesbotschaft nicht.
Auch am Flugverhalten kann man Tag- und Nachtfalter meist sofort unterscheiden. Der typische Gauklerflug der Tagfalter ist uns wohlbekannt. Die Nachtfalter fliegen dagegen meist geradlinig und pfeilschnell, Fluggeschwindigkeiten von 70 Stundenkilometern sind keine Seltenheit – für einen Tagfalter unvorstellbar.
Ein weiteres gutes Erkennungsmerkmal für die Nachtfalter ist die Stellung der Flügel in der Ruhehaltung. Sie liegen seitlich neben dem Körper, zur Tarnung oft sogar eng auf dem Untergrund auf.
Die Nachtfalter sind in unserem Buch durch einen braunen Balken unter der Seitenzahl gekennzeichnet.

Die Ruhehaltung der Flügel verrät die Zugehörigkeit: Der C-Falter stellt seine Flügel auf, der Windenschwärmer legt sie eng an den Untergrund an. Beides dient dem gleichen Zweck: der Tarnung.

Zitronenfalter

Der Frühlingsbote

Dank seiner raffinierten Körperchemie übersteht der Zitronenfalter auch Schnee und Kälte im Freien.

In diesem Blatt entsteht der Schmetterling. Die Puppe hängt gut getarnt am seidenen Faden.

Wenn der Frühling noch jung ist, die Nächte kühl und die Tage nicht richtig warm sind, dann ist die Zeit der Pioniere gekommen, der zähen Burschen, denen Wind und Kälte wenig ausmachen, die sich hinaustrauen in die Natur, um mutig den Frühling zu begrüßen. Kuckuck und Schlüsselblume sind solche Frühlingsboten, die es früh ins Freie drängt, der Zitronenfalter ist ein anderer. Ein Schmetterling, der selbst im Winter tapfer die Stellung hält.
Während viele Arten in dieser Zeit auf schützende Spalten und Unterschlüpfe angewiesen sind, findet man Zitronenfalter nicht selten frei sitzend. Ungeschützt und klamm, mit eng zusammengelegten Flügeln, kauern sie auf Stängeln oder Ästen. Heute kann man sich erklären, warum die zarten Wesen so aufrecht der winterlichen Kälte trotzen. Sie beherrschen eine Reihe von Tricks, die aus einem chemischen oder physikalischen Labor stammen könnten. So senken sie in ihrem Inneren den Gefrierpunkt, indem sie den eigenen Körper entwässern. Über Kot und Harn geben sie Körperflüssigkeit ab und verdicken dadurch die Körpersäfte.
Das allein würde aber wohl noch nicht genügen, um gut durch den Winter zu kommen. Zitronenfalter können zusätzlich geringe Mengen Glyzerin erzeugen, ein

Kurz vor dem Schlüpfen scheint der Falter durch die dünne Haut; die Flügel noch platzsparend gefaltet.

Frostschutzmittel. Dieses Patent hat der Zitronenfalter nicht exklusiv: Schmetterlingsraupen des Weidenbohrers können, geschützt durch diese Fähigkeit, sogar Temperaturen bis minus 20 Grad ertragen. Den Kälterekord hält der Schwammspinner, dessen Eier im Test antarktische Temperaturen von 50 Grad minus überlebten. Wenn wir den Zitronenfalter im zeitigen Frühjahr zu Gesicht bekommen, ist er fast zehn Monate alt und damit der Methusalem unter den heimischen Tagfaltern. Die meisten Schmetterlinge haben eine Lebenserwartung von nur wenigen Wochen. Danach endet der wandlungsreiche Lebenszyklus, der vom Ei über die Raupe und Puppe bis zum fertigen Falter läuft.

Dass der Zitronenfalter „Insekt des Jahres 2002" wurde, weist zum Glück nicht auf einen besonders hohen Gefährdungsstatus hin. Im Gegenteil: die „Fliegende Frühlingsblume" kommt alles in allem weit besser über die Jahresrunden als viele andere Arten. Die Biologische Bundesanstalt für Land und Forstwirtschaft hat sich für den zähen Schmetterling bewusst entschieden, „damit Spaziergänger eine gute Chance haben, das Insekt des Jahres 2002 in der freien Natur zu beobachten". Beobachten kann man den agilen Flieger überall dort, wo die Flurbereinigung der

Der Saugrüssel der Tagfalter besteht aus zwei Hälften, die so ineinander liegen, dass ein Mittelkanal frei bleibt. Durch diesen wird der Nektar aus der Tiefe der Blüten hervorgesaugt.

Landschaft nicht allzu brutal das Gesicht weggeschnitten hat und ein gutgemischter Laubwald in der Nähe ist. An dessen Rändern nämlich pflegt der Zitronenfalter sein rasantes Liebesspiel. Die wilde Jagd mit viel Hakenschlagen und Versteckspiel endet, wenn das Weibchen sich niederlässt und einladend die Flügel öffnet. Die Zitronenfalter-Weibchen sehen überraschend anders aus als die Männchen. Sie haben zartgrün-weißliche Flügel und werden von ungeübten Beobachtern gerne mit Kohlweißlingen verwechselt. Nur das Männchen leuchtet zitronen-

An der Form der Eier erkennen Fachleute die Schmetterlinge. Für die Familie der Weißlinge ist die spindelige Form charakteristisch.

gelb und ist schon von weitem unverwechselbar. Aus der Nähe betrachtet, wird die Zuordnung einfach: Bei beiden Geschlechtern wird die gleichmäßige Farbe von Vorder- und Hinterflügel durch einen orangeroten Punkt in der Mitte unterbrochen. Dem Zitronenfalter kommt zugute, dass ihm viele Blüten schmecken. Besonders gern saugt er an Acker-Kratzdistel, Kohldistel, Blutweiderich und Sommerflieder. Doch akzeptiert er, wenn es sein muss, auch Seidelbast oder Huflattich als ausgesprochene Frühblüher, Salweide, Gewöhnlichen Löwenzahn, Kriechenden Günsel, Lerchensporn, Kuckucks-Lichtnelke, Taglichtnelke und ein gutes Dutzend anderer Blütenpflanzen.
Für die Raupen des Zitronenfalters kommen aber nur die Blätter von Faulbaum und Kreuzdorn als Nahrung in Frage. Sie sind damit, wie viele andere Raupen, auf wenige Fraßpflanzen angewiesen. Schmetterlingsfreunde können den Zitronenfalter daher in ihren Garten locken, indem sie diese beiden niedrigwüchsigen Baumarten in eine schattige Ecke pflanzen. Wenn die ersten Falter Anfang Mai um die Zweige flattern, lohnt es sich, nach den spitzovalen gelblichen Eiern an der Basis der Blätter zu suchen und die Entwicklung dieses Tagfalters zu verfolgen.

Der eigentümlichen Farbe des Faulbaum-Blattes passt sich die Raupe optimal an.

Zitronenfalter, *Gonepteryx rhamni*, Familie: Weißlinge (Pieridae)

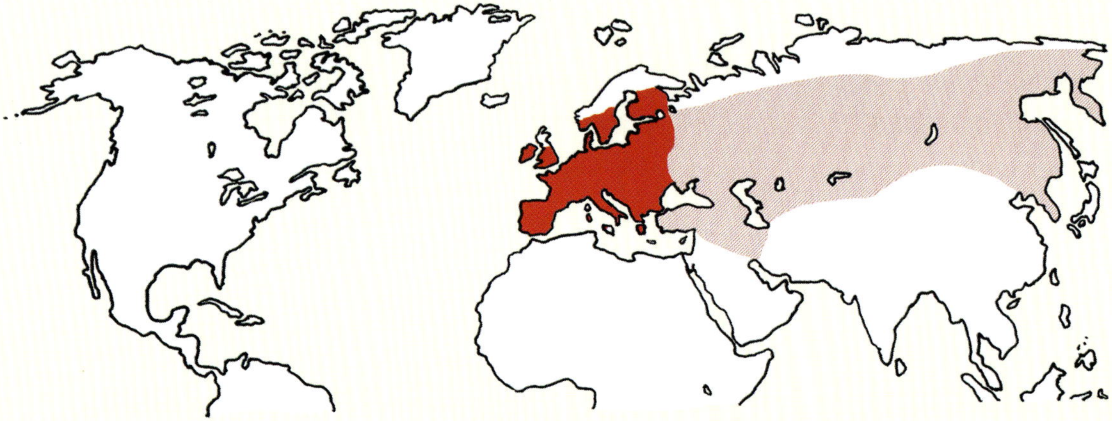

Verbreitung

In Europa bis auf den hohen Norden und östlich vermutlich über den gesamten Kontinent.

Fraßpflanzen

Kreuzdorn und Faulbaum.

Ansprüche

Lockere Wälder und Gebüsche mit den Fraßpflanzen bilden den Lebensraum. Die Falter fliegen meist entlang der Waldränder und dem angrenzenden offenen Land. Nicht selten sind sie Besucher im Garten, wo sie vor allem an Sommerflieder Nahrung suchen.

Generationenfolge im Jahr

Eine Generation pro Jahr. Der Falter überwintert, legt im April die ersten Eier, aus denen im Mai die ersten Raupen schlüpfen. Nach der Verpuppung ab Juni schlüpft im August die nächste Faltergeneration. (Falter, Ei, Raupe, Puppe)

Kleines Nachtpfauenauge

Ein Leben für die Liebe

Auf der großen Oberfläche der kammartigen Fühler der Männchen sitzen Tausende von Geruchszellen, denen kein Duftmolekül des Weibchens entgeht.

Wenn es ein Leben für die Liebe gibt, dann ist es das Leben des Nachtpfauenauges. In ihrem kurzen Schmetterlingsdasein haben diese Tiere nur eines im Sinn: einen Liebespartner zu finden. Und dafür wurden sie fantastisch von der Natur ausgestattet. Mit ihren hochempfindlichen, in den kammartig verbreiterten Fühlern sitzenden Sensoren nehmen die Männchen noch geringste Konzentrationen der vom Wind herbeigetragenen weiblichen Duftstoffe wahr. Dank ihrer feinen Antennen können sie über mehrere Kilometer Entfernung die Spur eines Weibchens aufnehmen, das seine Lockstoffe in die Luft versprüht.

Sobald die unwiderstehlichen Düfte eines Weibchens an die Fühler-„Nase" dringt, wird das Männchen unruhig.

Für das Weibchen des Nachtpfauenauges ist das erste Mal auch das letzte Mal. Nur einmal lässt es sich begatten und stellt, kaum dass ein Männchen am Ziel angelangt ist, umgehend die Produktion der verführerischen Düfte ein. Noch anfliegende Konkurrenten drehen ab, und das Weibchen macht sich zügig an die letzte Aufgabe in seinem kurzen Schmetterlingsdasein, die Eiablage. Ohne ein einziges Mal in seinem Leben Nahrung zu sich genommen zu haben, stirbt es. Auch die Männchen nehmen in ihrem allein der Liebe gewidmeten Leben keinerlei Nahrung zu sich. Ihr Saugrüssel ist verkümmert, sie können keinen Nektar schlürfen.

Die Spur ist gelegt: Das große Weibchen braucht nicht mehr zu tun, als auf die herbeiflatternden kleineren Männchen zu warten.

Optimales Timing: Alle Raupen eines Geleges schlüpfen gleichzeitig. So erhöhen sich Überlebenschancen für die einzelne Raupe.

Ihre Energie müssen die Nachtpfauenaugen aus ihrem früheren Leben schöpfen. Ende Mai schlüpfen die Raupen aus Gelegen mit bis zu 200 Eiern und leben zunächst in kleineren Gruppen in nestartigen Gespinsten. Erst die erwachsenen Raupen schlagen sich einzeln durch und sind mit ihrer grünen Grundfarbe und den schwarzen Querbändern nur schwer auf den Fraßpflanzen auszumachen. Sie kommen auf sehr vielen verschiedenen Nahrungspflanzen vor, je nach Lebensraum: Heidelbeere, Himbeere und Brombeere in waldreichen Gegenden, Heidekraut in Heidegebieten, Moosbeere in Mooren, Mädesüß in feuchten Gräben, Wiesensalbei und besonders Schlehe in trockeneren Biotopen. In ihrem Raupenleben müssen die Tiere tüchtig fressen und Kraft sammeln für die lange Puppenruhe und das kurze Falterdasein.

Sind die Raupen ausgewachsen, spinnen sie sich in einen stabilen birnenförmigen Kokon ein, um sich darin zu verpuppen. Die Öffnung des Kokons ist mit Reusenhaaren dicht versponnen, durch die sich nur der Falter von innen hindurchzwängen kann. So bleibt die Puppe im Kokon

Ein Kokon mit Reusenöffnung schützt die empfindliche Puppe so, dass nichts hinein, der schlüpfende Falter aber sehr wohl hinaus kann.

den ganzen Winter über vor Eindringlingen geschützt. Schon als Puppe sind die Geschlechter gut zu unterscheiden: die Antennenfühler der Männchen sitzen in deutlich breiteren Fühlerscheiden.
Die Flugzeit der Männchen beginnt im Frühjahr etwa zur Zeit der Schlehenblüte, kurz danach schlüpfen die deutlich größeren und plumperen Weibchen und verströmen ihren betörenden Duft.
Auffälligstes Merkmal aller Vertreter der großen Familie der Pfauenspinner sind die schönen Augenflecke auf den Flügeloberseiten. In dieser Verwandtschaft finden sich mit dem asiatischen Herkulesspinner und dem Atlasspinner die größten Schmetterlinge der Welt, die Kokons vieler Arten werden in Ostasien zur Seidengewinnung genutzt. Der große europäische Vetter des Kleinen Nachtpfauenauges ist das Wiener Nachtpfauenauge, das wohl als einziger Schmetterling zu der Ehre kam, von Vincent van Gogh porträtiert zu werden.

Spitze Stacheln auf den gelben Warzen schützen die Raupen vor Fraßfeinden.

Kleines Nachtpfauenauge, *Saturnia pavonia*, Familie: Pfauenspinner (Saturniidae)

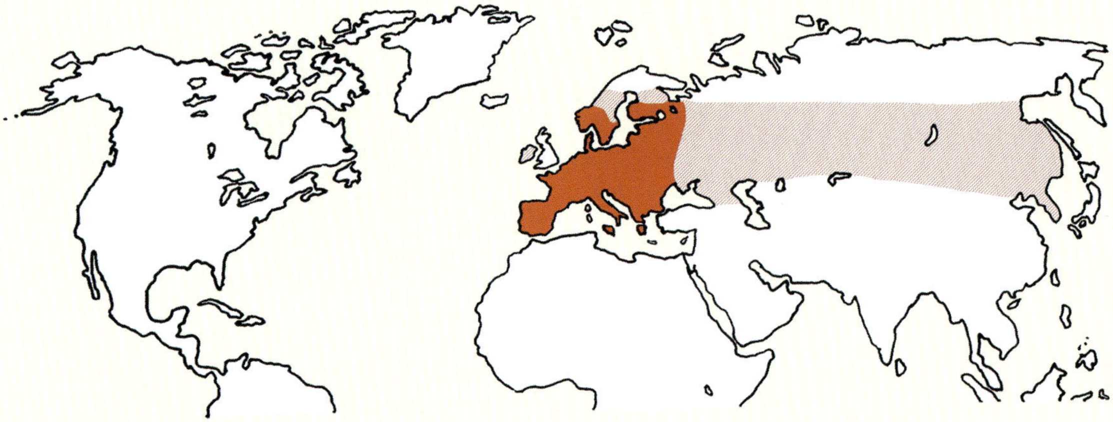

Verbreitung
Von Westeuropa, einschließlich der Britischen Inseln und ausstrahlend bis Ostasien.

Fraßpflanzen
Pflanzen aus ganz unterschiedlichen Familien: häufig genannt sind Sal-Weide, Brombeere, Himbeere, Mädesüß, Schlehe, Heidelbeere und Heidekraut.

Ansprüche
Unterschiedliche offene Biotope wie Trockenrasen, Wacholderheiden, Hoch- und Niedermoore, Saumbereich von Laubmischwäldern und Schlagfluren werden besiedelt. Im Ortsrandbereich kommen auch Gärten in Frage.

Generationenfolge im Jahr

Jan Feb März Apr Mai Juni Juli Aug Sep Okt Nov Dez

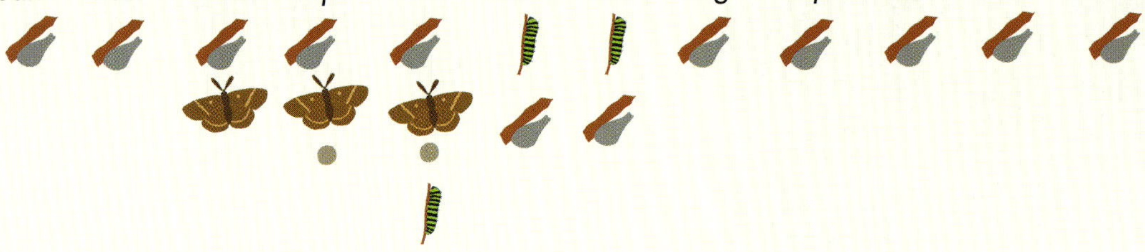

Eine Generation pro Jahr. Die Puppe überwintert im dicht gesponnenen Kokon. Im Frühjahr schlüpfen die Falter. (Puppe, Falter, Ei, Raupe)

Großer Kohlweißling

Ein ungeliebter Gartenbesucher

Was für ein Anblick muss das für den deutschen Insektenkundler Karl Dietze gewesen sein, als er 1919 in einem Vorgarten einen Magnolienbaum bewunderte. Unermüdlich versuchte ein Schwarm weißer Schmetterlinge, sich mit den lockenden Blütenblättern des Baumes zu paaren. Verwundert notierte er: „Und fallen erst die abgeblühten Kronblätter zur Erde, tritt noch Bewegung hinzu, so mag kein Weißling der Umgebung das mitansehen." Liebestoll stürzten die Männchen den vermeintlichen Weibchen hinterher.

Aber auch dieser Falter lebt nicht nur von Liebe. Die erste Generation saugt an Flieder, Löwenzahn und Wiesensalbei, die zweite und dritte an Rotem Wiesenklee, Lavendel oder Natternkopf. Das Leibgericht der haarigen Raupen sind Kreuzblütler, darunter leider auch unser Kohl. Ganze Pflanzenteile können skelettiert werden, doch bleiben die inneren Blätter des Kopfes meist unberührt, so dass wirtschaftliche Schäden nur bei Massenbefall auftreten. Dass es dazu äußerst selten kommt, dafür sorgt die Kleine Schlupfwespe. Sie legt ihre Eier in die Raupe, in der sich der Parasitennachwuchs entwickelt. Wenn die Wespenlarven ihren Wirt verlassen, geht dieser elendig zugrunde.

Gegen einen solchen Feind bleibt das Abwehrverhalten der gelben, dicht mit schwarzen Flecken übersäten

Raupen meist wirkungslos: Fühlen sie sich bedroht, pendeln sie mit der vorderen Körperhälfte schnell nach rechts und links und spritzen grünen Nahrungsbrei aus der Mundöffnung.

Der Kohlweißling gilt als typischer Kulturfolger, der überaus gut mit der Veränderung der Landschaft durch den Menschen leben kann. Er stellt sein leuchtendes Weiß häufig auf Kohlfeldern, an Bahndämmen und in Schrebergärten zur Schau. Seine ursprüngliche Heimat sind die Küsten. Besonders am Strand fressen die Raupen an Wild- und Meerkohl. Ein riskantes Mahl, denn die Gefahr durch auflaufendes Meerwasser ist groß.

Um schwerwiegende Verluste ausgleichen und schnell neuen Lebensraum besiedeln zu können, muss dieser Falter rasch viele Nachkommen produzieren und mobil sein. Tatsächlich existieren von kaum einem anderen europäischen Schmetterling so viele Berichte über kleinere und größere Wanderzüge. Ganze Wolken weißer Schmetterlinge fliegen dann entlang der Meeresränder. In Baden-Württemberg ist zuletzt 1920 eine fünftägige Massenwanderung dokumentiert worden.

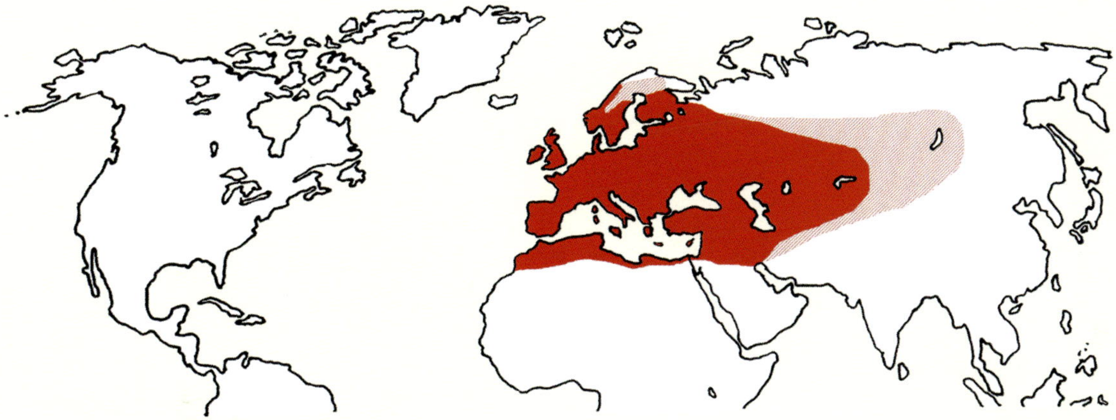

Verbreitung

Europa ohne den äußersten Norden, eingeschleppt in Südamerika (Chile).

Fraßpflanzen

Als Kulturfolger kaum noch an Wildpflanzen, z. B. Hederich zu finden. Im Garten vor allem an Kohl und Kapuzinerkresse.

Ansprüche

Das Verbreitungsgebiet des Großen Kohlweißlings lag ursprünglich an den europäischen Küstengebieten. Heute werden fast sämtliche Kulturlandschaften besiedelt, wobei in den letzten Jahren ein deutlicher Rückgang zu erkennen ist. Schäden auf Feldkulturen kommen nur noch selten vor.

Generationenfolge im Jahr

Bis zu drei Generationen pro Jahr. Die Puppe überwintert. Im April, Juli und August schlüpft jeweils eine Faltergeneration. (Puppe, Falter, Ei, Raupe)

Kleiner Fuchs

Ein Wintergast im Dachstuhl

Brennnesseln sind bei Menschen nicht sehr beliebt. Im eigenen Garten sieht man sie ungern, verdrängt sie lieber an Siedlungsränder und Schuttplätze. Dabei liefert das Kraut nicht nur einen guten und gesunden Tee, sondern lockt auch Schmetterlinge an wie den Kleinen Fuchs.

Zwar knabbern seine Raupen auch mal am Hopfen, doch ist es vor allem die Große Brennnessel, die sich der Kleine Fuchs für die Eiablage aussucht. Die Weibchen gehen dabei ausgesprochen wählerisch vor: Nur frische grüne Triebspitzen aus sonnigen Lagen kommen in Frage. Chemi-

Das Weibchen legt seine bis zu 300 Eier meist an einer Pflanze ab und setzt damit alles auf eine Karte. Mäharbeiten am Straßenrand zur falschen Zeit können ganze Familien auslöschen.

sche Analysen haben gezeigt, dass junge Brennnesselblätter einen hohen Anteil an Wasser und löslichen Proteinen aufweisen, die für die jungen Raupen besonders wichtig sind. Sobald die Pflanze anfängt zu blühen, sinkt der Nährstoffgehalt drastisch. Daher gilt für den Nachwuchs des Kleinen Fuchses: Alte Nesseln nützen nichts. Obwohl die Raupe so eng an Brennnesseln gebunden ist, verköstigt sich der Falter an mehr als 200 Blütenpflanzen. In Gärten saugt er an Margeriten, Sommerflieder, Astern und Studentenblumen. Kein Wunder, dass die Art fast überall zu finden ist. Von Europa bis Japan bewohnt der Falter Lebensräume selbst in 3000 Metern Höhe. Sogar in der Nähe des Nordkaps soll er gesichtet worden sein.
Die Brautschau findet meistens dort statt, wo später die Eier abgelegt werden: in sonnendurchfluteten Brennnesselbeständen. Wenn dann noch Hecken- und Waldränder oder eine Wand für Windschutz sorgen, ist das Paarungsglück ungetrübt. In höheren Lagen sitzen die Männchen oft in der Mitte von Wanderwegen. Dort wärmen sie sich mit senkrecht zur Sonne gestellten Flügeln, während sie auf vorbeifliegende Weibchen warten.

Dreifach vergrößert kann auch der Kleine Fuchs spielend mit der Farbenpracht der großen tropischen Falter mithalten.

Wenn Sie wissen wollen, ob Sie den Kleinen oder den Großen Fuchs vor sich haben, achten Sie auf die Flügelfärbung: Anders als sein größerer Vetter hat der Kleine Fuchs einen weißen Fleck an der Spitze der Vorderflügel und blaue Flecken am Rande der Flügel. Die Nahrung gibt weitere Hinweise: Während der Kleine sich eifrig an Blüten labt, fliegt der Große Fuchs gerne Baumwunden und Pfützen an und verschmäht selbst frischen Hunde- oder Pferdekot nicht.

Die Raupen des Kleinen Fuchses wachsen im optimalen Klima sehr rasch heran, anfangs in geselligem Verband, später werden sie zu Einzelgängern und suchen sich ein Plätzchen zur Verpuppung. So einheitlich die Raupen gezeichnet sind – schwarz mit gelben Streifen –, so verschieden können die Puppen gefärbt sein: Sie tarnen sich passend zum Untergrund. Anders können sich die bewegungsunfähigen Puppen vor hungrigen Feinden wie Vögeln und Mäusen nicht schützen.

Dass sich in der unscheinbaren Hülle ein farbenprächtiger Schmetterling heranbildet, ist kaum zu glauben. Schon nach wenigen Tagen ist das Wunder vollbracht, aus der Puppe schlüpft der fertige Falter: Leuchtend rot mit blauem Flügelrand. Nur die gelb-schwarzen Streifen der Vorderflügel erinnern noch ein wenig an die Farben aus der Raupenzeit.

Beim Kleinen Fuchs dauert die wandlungsreiche Entwicklung vom Ei bis zum Falter nur wenige Wochen, so kann er in günstigen Jahren bis zu drei Generationen bilden. Die Falter der Sommergeneration leben allerdings nicht länger als einen Monat, dafür muss sich die Herbstgeneration für die mehrmonatige Überwinterung in unseren Breiten rüsten.
Der Kleine Fuchs überwintert in Baumhöhlen und Dachstühlen. Falls Sie zu dieser Jahreszeit in Ihrer Wohnung auf Schmetterlinge stoßen, die mit zusammengeklappten Flügeln wie tot auf dem Fensterbrett sitzen, bringen Sie sie in ein kühles Zimmer, aus dem die Tiere im Frühling leicht ins Freie gelangen. Denn Wärme regt zu Aktivität an, und die schadet ihm, wenn es draußen noch kalt ist und Nahrung nicht in Sicht.
Aufgrund der nur wenige Wochen dauernden Entwicklung vom Ei bis zum Falter wird der Kleine Fuchs an einigen Schweizer Schulen zu Lehrzwecken eingesetzt. Außer jungen Brennnesselblättern braucht der Falter auch noch die richtige Temperatur und eine gewisse Luftfeuchtigkeit. Ideale Bedingungen bietet eine Schule mit überwinterungsfreundlichem Dachboden, einem kleinen sonnenexponierten Brennnesselfeld und Nektarpflanzen, die im jahreszeitlichen Ablauf den Faltern Nahrung bieten. So kann der Schulhof zu einem Paradies für den Kleinen Fuchs werden!

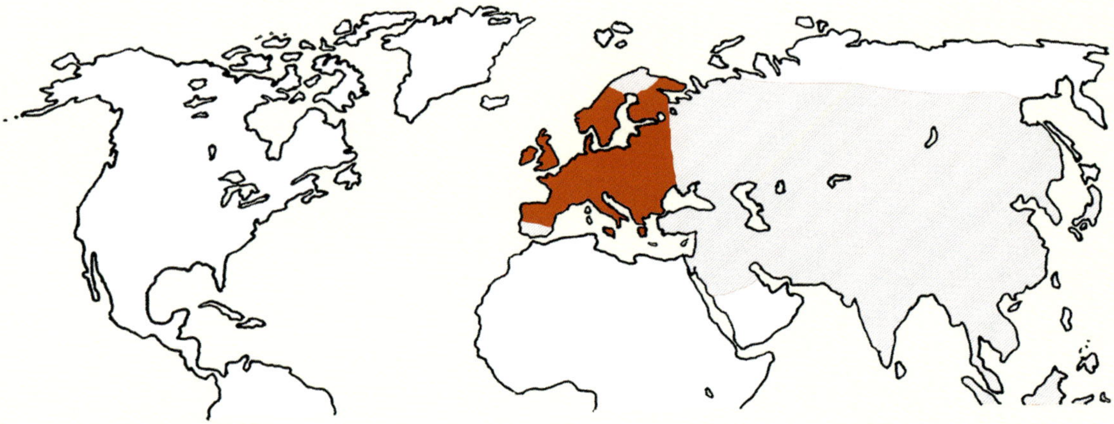

Verbreitung
Europa, auch im hohen Norden. Vermutlich in ganz Asien.

Fraßpflanzen
Nur junge und frische Brennnesseln sind das geeignete Futter für die Raupen, dabei werden sonnige Bestände bevorzugt.

Ansprüche
Ihre hohe Mobilität erschließt den Faltern ein großes Angebot an Nektarquellen. Eier legen die Weibchen vor allem an besonnten Brennnesselbeständen, die man auch im eigenen Garten leicht einrichten kann. Mit einem kühlen aber frostfreien Unterschlupf, wie etwa einer kleinen Ritze im Dachboden, kann man den Faltern über den Winter helfen.

Generationenfolge im Jahr

Im Jahr meist zwei Generationen. Der Falter überwintert.
(Falter, Ei, Raupe, Puppe)

Landkärtchen

Frühlings- und Sommermode

Temperatur und Tageslänge bestimmen die Farbe des Kleides, mit dem die Falter leben müssen.

Landkärtchen ist nicht gleich Landkärtchen! Naturfreunde müssen sehr genau hinschauen, denn der kleine Schmetterling tritt in zwei Farbvarianten auf: Die Falter, die im Frühjahr aus den Puppen schlüpfen, sind orangebraun gefärbt mit dunklen Bändern auf der Flügeloberseite. Die Schmetterlinge, die im späten Sommer aus den Nachkommen der ersten Faltergeneration schlüpfen, sind dagegen tief schwarz gefärbt mit auffällig hellgelben Mustern auf den Flügeloberseiten.

Gesicherte Statik: Die Eihüllen sind so stabil, dass der Turm nicht zusammenbricht, wenn die unterste Raupe zuerst schlüpfen sollte.

Gesteuert wird dieser „Saisondimorphismus" (so das Fachwort der Biologen) durch Tageslänge und Temperatur. Wächst eine Raupe mit nur acht Stunden Tageslicht auf, zeigt der Schmetterling immer die orangerote Frühjahrsfärbung. Aus Raupen, die mehr als 14 Stunden Helligkeit am Tag erleben, schlüpfen Falter im dunklen Sommerkleid. Einzig die Flügelunterseiten sind bei beiden Formen gleich gefärbt mit einem braunroten Farbton und hellen Querbändern.

Das Landkärtchen ist ein Falter der warmen Waldränder und Lichtungen. Dort haben die männlichen Falter ihre Reviere und patrouillieren in unruhiger Erwartung eines Weibchens auf und ab. Nur kurze Zeit gönnt sich der Falter eine Ruhepause, um sich zu sonnen. Faltet er dabei seine Flügel zusammen, ist er im Laub der Bäume oder auch auf einem Waldweg perfekt getarnt und für Vögel und Spaziergänger gleichermaßen schwer zu entdecken.

Eine gute Gelegenheit, die Flügelmuster des Landkärtchens genauer zu studieren, bietet sich bei seiner Nektarsuche. Weiße Doldenblütler mit großen Blütendolden werden als einfache Anflugplätze mit reichem Nektarangebot bevorzugt und ausgiebig mit dem Rüssel abgeschleckt. In

einem waldnahen Garten sind die Falter mit Wiesenkerbel, Wilder Möhre oder Bärenklau anzulocken, in manchen Jahren ist das Landkärtchen sogar überaus häufig. Warum es in anderen Sommern dann wieder gänzlich verschwunden zu sein scheint, bleibt weiterhin ein Rätsel für die Wissenschaft.
Wie viele Schmetterlingsarten lebt auch die Raupe des Landkärtchens ausschließlich von der Brennnessel, der Schmetterling hat sich aber, um den anderen Nesselfaltern nicht zu sehr in die Quere zu kommen, auf die schattigen Bestände dieser überaus wichtigen Futterpflanze konzentriert. Verzichtet der Gartenbesitzer auf den unendlichen Kampf gegen die ungeliebten Brennnesseln, spart er nicht nur Zeit und Kraft, sondern bietet einer Vielzahl heimischer Schmetterlinge eine willkommene Kinderstube. Und mit etwas Glück wird das Landkärtchen das freundliche Angebot nutzen und seine Eier an die jungen Triebe heften.

Auffällige Abschreckung: Die irisierenden Flecke an der Puppe sollen mögliche Fressfeinde verwirren.

Landkärtchen, *Araschnia levana*, Familie: Edelfalter (Nymphalidae)

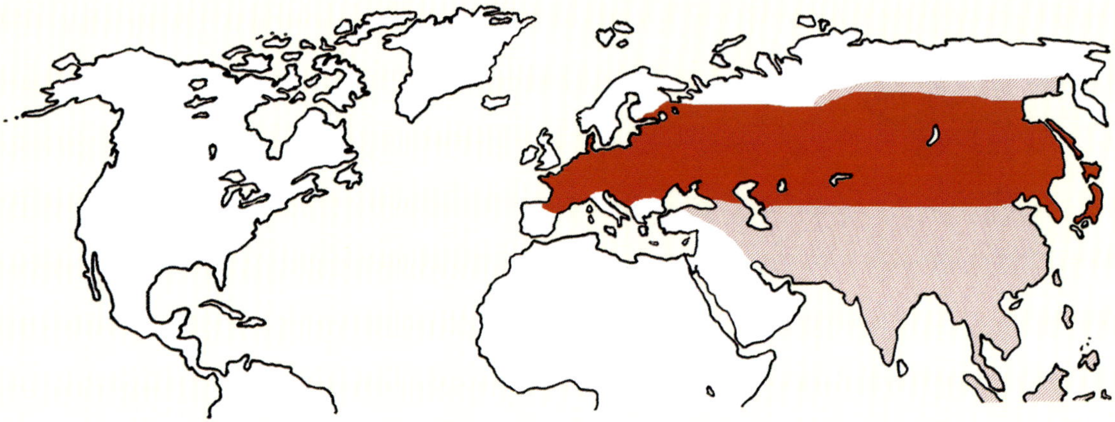

Verbreitung

Der gesamte eurasische Kontinent bis auf Südeuropa, Großbritannien, Skandinavien und Sibirien. Nachweise in Südostasien unsicher.

Fraßpflanzen

Die Raupe lebt – wie viele heimische Arten – ausschließlich von Brennnesseln und bevorzugt junge und eher schattig stehende Bestände.

Ansprüche

Das Landkärtchen ist eine wärmeliebende Waldart. Es bevorzugt feuchte halbsonnige Waldränder, Auwaldgebiete, Waldwiesen und Lichtungen. Die Eiablage erfolgt nur an ausreichend beschatteten Brennnesselbeständen. Im Sommer sind die Falter auch in Gärten bei der Nektarsuche anzutreffen. Meist werden nur weiße Doldenblüter besucht. Eine radikale Säuberung der Waldwege und Herbizideinsatz führen meist zur Vernichtung ganzer Populationen.

Generationenfolge im Jahr

Im Jahr zwei Generationen. Das Landkärtchen überwintert als Puppe. Eiablage im Mai und August. (Puppe, Falter, Ei, Raupe)

Kleiner Weinschwärmer

Der kleine Bruder

Eine Schlange im Gras: Durch die großen Scheinaugen wird dieser Eindruck wirksam verstärkt.

Weidenröschen und Weiderich galten lange Zeit als beliebteste Nahrungsquellen der Raupen des Kleinen Weinschwärmers. Ganze Generationen von Fachbuchautoren haben diese Erkenntnis in ihren Werken verbreitet. Bis eines Tages Fütterungsversuche ergaben, dass sich die graugrünen Fressmaschinen mit den charakteristischen weißen Mondflecken viel lieber von Labkrautarten ernähren.

Falsch ist wohl auch die traditionelle Meinung, Weinschwärmer-Larven fräßen nur nachts. Tatsächlich fand man im Engadin erwachsene Raupen sogar im gleißenden Sonnenlicht beim Abernten von Blüten. Bemerkenswerterweise verhielten sie sich bei der Ernte „umsichtiger" als manch andere Raupenart: Sie blieben nur so lange an der Futterquelle wie nötig, um sich dann, vorläufig gesättigt, im dichten Gras zu verkriechen.

Der Falter hat es gern warm. Er fliegt sonnige Steinbrüche, Kiesgruben, südlich exponierte Böschungen, Grabenränder, Trockenrasen, geschützte Gärten, aber auch Bahndämme an. Und er lebt von Natternkopf, Wiesensalbei und Leinkraut. In besonders warmen Gegenden kann die erste Falter-Generation schon Ende April, Anfang Mai in der Luft sein. Die meisten Kleinen Weinschwärmer kann man Ende Juni beim Fliegen beobachten – vorzugsweise an nächtlichen Lichtquellen, die am Rande blütenreicher Feld- oder Wegraine liegen, aber auch in Gärten. Wer in der Dämmerung bei noch ausreichendem Licht oder unterstützt von einer Taschenlampe genauer hinschaut, erkennt, dass der Kleine Weinschwärmer seinen Rüssel schon im Anflug auf eine Blüte ausrollt. Als ideales Revier für den intensiv rotgefärbten Falter haben sich übrigens die Hochwasserdämme in der Rheinebene entpuppt – hier fand man jedenfalls auffällig viele frisch geschlüpfte Tiere im Gras.

Fast doppelt so groß und mit einem rosa Streifen auf dem Hinterleib ist der Mittlere Weinschwärmer (links) sehr einfach von seinem kleineren Bruder zu unterscheiden.

Kleiner Weinschwärmer, *Deilephila porcellus*, Familie: Schwärmer (Sphingidae)

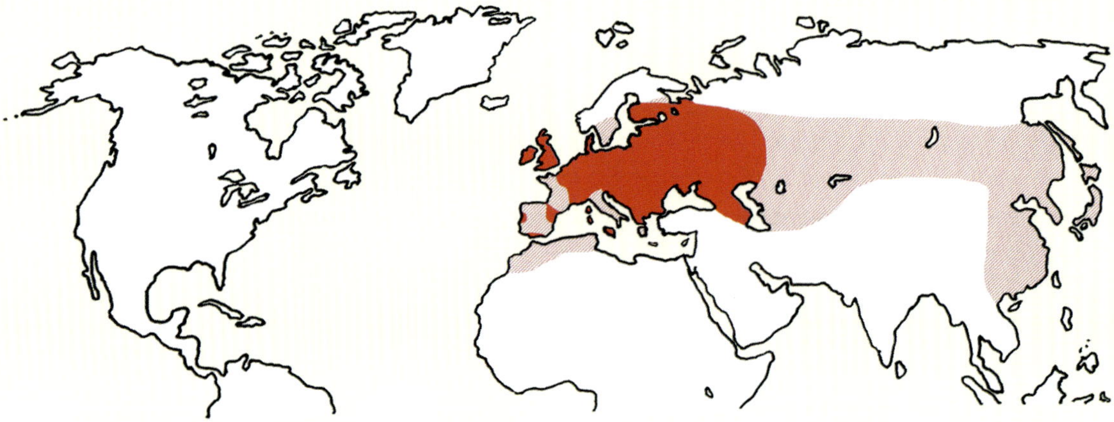

Verbreitung

Ganz Europa bis auf den hohen Norden; außerdem Nordafrika und weit in den Osten.

Fraßpflanzen

Ausschließlich Labkrautarten wie Wiesen-Labkraut und Echtes Labkraut.

Ansprüche

Benötigt sonnenbegünstigte Standorte wie Heiden oder Trockenrasen. Zu finden ist er aber auch auf extensiv bewirtschafteten Wiesen und an warmen Rändern von Verkehrswegen. Spätes Mähen von Bahndämmen, Straßenrändern und Böschungen kommt ihm zugute.

Generationenfolge im Jahr

Zwei Generationen pro Jahr. Die Puppe überwintert. Im Mai schlüpft daraus die erste Faltergeneration, die im Juni die Eier ablegt. Die zweite Faltergeneration legt die Eier erst im August ab. (Puppe, Falter, Ei, Raupe)

C-Falter

Der mit dem Nummernschild

Kolbig verdickte Fühler sind ein wichtiges Merkmal der Tagfalter. Hier sind die Riechzellen versammelt.

Mit den ersten warmen Sonnenstrahlen flattert als einer der frühesten Schmetterlinge im Jahr der C-Falter aus seinem Winterquartier hervor.

Die Form der Flügel ist ein charakteristisches Merkmal des C-Falters.

Zu seinem Namen hat allerdings ein Miniatur-Merkmal geführt: Das weißsilbrige „C" auf der Unterseite der Hinterflügel.

Nach der langen Zeit im dunklen, trockenen Versteck hat er verständlicherweise erst einmal Hunger, den er an früh blühenden Weiden und Schlehen stillt. Außerdem nutzt er jede Gelegenheit, um sich mit ausgebreiteten Flügeln in der Frühlingssonne zu wärmen. Dann sind die zackenartig gefransten, für die Art sehr charakteristischen Flügelränder gut zu erkennen.

Das kleine silbrig-weiße „C", das dem Schmetterling seinen Namen gab, ist allerdings nur aus der Nähe und bei zusammengefalteten Flügeln auszumachen. Es ziert die graubraune, rindenartig gezeichnete Unterseite des Hinterflügels.

Der C-Falter hat verschiedene Farben und Muster zu bieten. Die erste Falter-Generation des Jahres ist dunkel und unterscheidet sich deutlich von der hellen zweiten Generation, die Anfang Juli schlüpft und bis August auftritt. Die letzte Generation, die in den Herbst hineinfliegt und anschließend überwintert, ist wieder dunkel.

Der C-Falter lebt gern an Wald- und Buschrändern, wo die Männchen ihre Reviere energisch verteidigen. Von erhöhten Punkten aus bewachen sie ihr Territorium und fliegen es regelmäßig ab. Nebenbuhler und auch andere Schmetterlinge wie das Tagpfauenauge werden aggressiv angeflogen und bis zur Reviergrenze verfolgt.

Farbenpracht und feine Strukturen aus der Nähe, von weitem aber nicht mehr als ein Haufen Vogelkot.

Meist liegen die Reviere an etwas feuchteren Orten, weil hier die Nahrungspflanzen der Raupen besser gedeihen. Der Nachwuchs ernährt sich von Brennnesseln, Ulmen oder auch Hopfen. Auch Blätter von Weiden und Haselstrauch werden nicht verschmäht. Im Garten wurden die Raupen sogar auf ungespritzten Stachel- und Johannisbeersträuchern gefunden. Ihre grünlich glänzenden und mit Längsrippen versehenen Eier legen die Weibchen im Mai und ein zweites Mal im Juni ab. Die Raupen schlüpfen nach jeweils zwei bis drei Wochen. Mit ihren langen dornigen Auswüchsen und der rot-schwarzen Färbung mit dem weißen Fleck auf dem Rücken wirken sie aus der Nähe sehr auffällig. Aus der Entfernung aber imitieren sie perfekt das Aussehen von Vogelkot. Das schützt sie optimal vor gefräßigen Vögeln.
Nach etwa sechs Wochen sind die Raupen ausgewachsen und heften sich mit dem Hinterteil an ihrer Nahrungspflanze fest, um sich zu verpuppen. Knapp drei Wochen lang hängt die Puppe kopfüber an der Unterseite der Blätter, bis schließlich der Falter schlüpft.

Am Rande des Abgrunds: Der C-Falter legt seine Eier immer an die äußersten Zipfel des Blattes.

Die metallischen Flecken der Puppenhülle sind typisch für die Familie der Edelfalter.

Im Sommer ernährt sich der Falter von nektarreichen Blütenständen. Besonders häufig ist er an Wasserdost oder Kratzdistel, in unseren Vorgärten auch am Sommerflieder zu finden. Im Herbst saugen die Falter gern den süßen Saft von überreifen und aufgeplatzten Früchten. Dazu verlassen sie ihre bevorzugten Waldrandgebiete und sind auf Obstwiesen noch im Oktober anzutreffen. Erst dann sucht sich der C-Falter sein Quartier für die Überwinterung.
Als einer der ersten Schmetterlinge war er uns im Frühjahr begegnet, als einer der letzten entschwindet der C-Falter in sein Winterversteck.

Saufgelage am Wegesrand: Gegorener Fruchtbrei benebelt manchem Falter die Sinne und lässt ihn zur leichten Beute werden.

C-Falter, *Polygonia c-album*, Familie: Edelfalter (Nymphalidae)

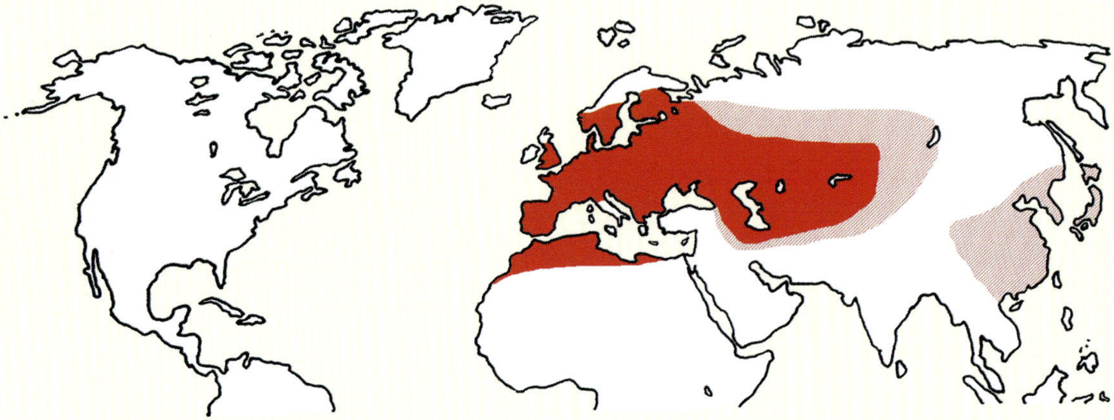

Verbreitung
In Nordeuropa bis Lappland, südlich bis Nordafrika und Nachweise in Teilen Asiens.

Fraßpflanzen
Große Brennnessel, Ulme und Hopfen, aber auch Salweide und Hasel. Im Garten auch auf Stachel- und Johannisbeere.

Ansprüche
Braucht frische und feuchte Zonen mit ausreichender Sonneneinstrahlung an Wald- und Buschrändern. Oder Gärten, in denen seine bevorzugten Nahrungspflanzen blühen.

Generationenfolge im Jahr

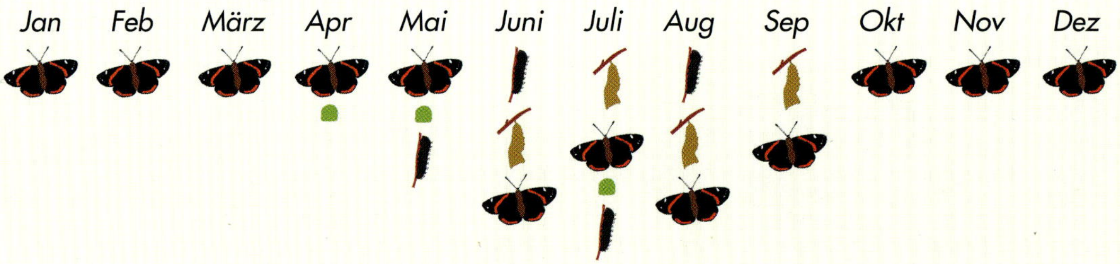

Bildet bei uns im Jahr zwei Generationen. Der Falter überwintert. Eiablage im April/Mai und Juli. (Falter, Ei, Raupe, Puppe)

Tagpfauenauge

Ich schau Dir in die Augen, Kleines

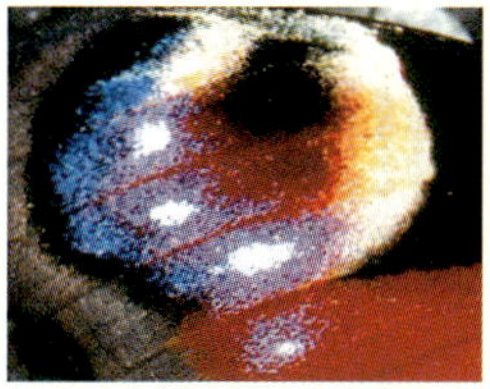

Ein seltsames Kleid hat sich das Tagpfauenauge ausgesucht. Vom violettbraunen Grund seiner vier Flügel blicken uns zwei bunt schillernde Augenpaare an. Die Zeichnung hat dem Schmetterling nicht nur seinen Namen gegeben, sie hat ihn auch zu einem der bekanntesten Falter überhaupt gemacht. Wer kennt nicht das Pfauenauge?

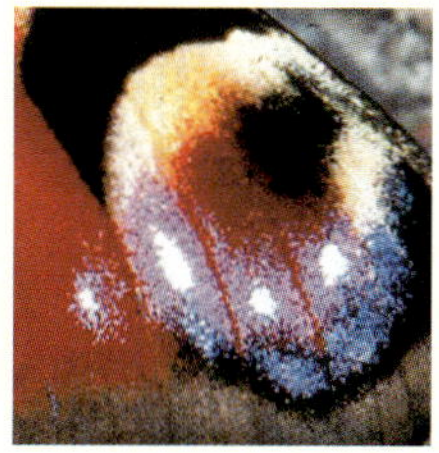

Tagpfauenauge

Aus den etwa 200 Eiern, die ein Weibchen des Tagpfauenauges legt, entwickeln sich im Schnitt nur zwei Falter. Von der Großzahl der Raupen ernähren sich Vögel und andere Tiere.

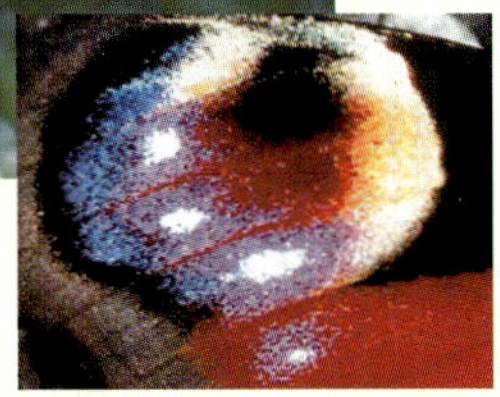

Doch trägt der Falter, der in Gärten und Parks noch häufig zu sehen ist, seine Zeichnung nicht des Ruhmes wegen, sondern aus einem anderen Grund. Die Augen schrecken Angreifer ab, sie erwecken den Eindruck eines größeren, gefährlicheren Tieres.

Tagpfauenaugen verbringen den Winter in Baumhöhlen, Dachböden oder Kanalschächten. Die Verstecke, die sie im Spätherbst aufsuchen, müssen geschützt und trocken sein, dürfen aber nicht zu warm werden, denn die energiesparende Winterstarre sollte nicht unterbrochen werden. Im Frühling zählen die Tagpfauenaugen zu den ersten Schmetterlingen, die sich in die Natur hinauswagen. An Salweide, Huflattich und Löwenzahn stärken sie sich für kommende große Aufgaben.

Die wichtigste Aufgabe steht im April auf der Tagesordnung: die Fortpflanzung. Meist suchen sich die Männchen an sonnigen Hochwaldrändern ihre Reviere und liefern sich dort harte Kämpfe mit den Rivalen. In engen Spiralen umkreist der Revierinhaber einen Eindringling und verfolgt ihn bis in die Wipfelhöhe der Bäume. In der Regel ist es der Revierinhaber, der den Sieg in einem solchen Kampf davonträgt und den Rivalen vertreibt. Nähert sich eine attraktive Schmetterlingsdame, wird aus dem Sieger schnell ein Kavalier, der seiner Dame mit einem intensiven Liebesspiel zu imponieren weiß. Am Ende der Paarung legt das Weibchen seine Eier. Bis zu 200 werden an die Unterseiten junger Brennnesselblätter geheftet.

Da das Tagpfauenauge zu den „Nesselfaltern" gehört, steht auf dem Speiseplan der Raupen lediglich ein Gericht: die Brennnessel. Das Tagpfauenauge bevorzugt für die Eiablage feuchte und sonnige Brennnesselbestände, gern an Bachläufen oder Straßengräben, wohin es andere Falter nicht so drängt. Der Kenner kann daher aus dem Standort der Brennnessel ableiten, ob sie eher für die Raupen

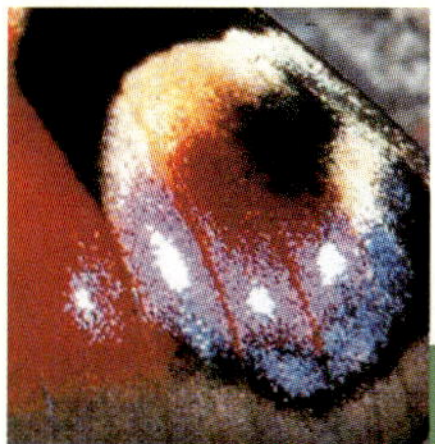

Schon parasitiert? Die Larven der Schlupfwespen fressen die Eingeweide der Raupen und sorgen für enorme Verluste.

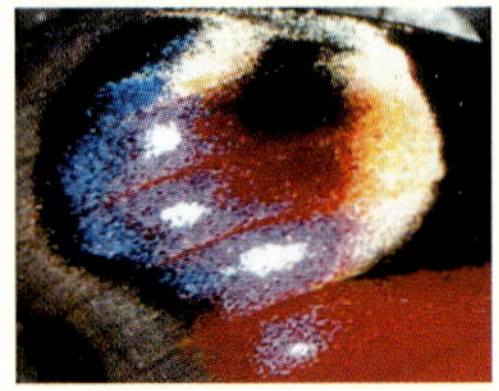

Mit einer dem Klettverschluss vergleichbaren Technik aus Seidenpolster und Widerhaken bleibt die Puppe fest am Untergrund verhaftet.

vom Kleinen Fuchs, Landkärtchen, C-Falter, Admiral, Distelfalter oder vom Tagpfauenauge geeignet ist.
In ihrer Jugend leben die samtschwarzen, mit weißen Punkten gepuderten Raupen des Tagpfauenauges zunächst gemeinsam in schützenden Gespinsten. Erst nach der zweiten Häutung ziehen sie allein ihrer Wege, fressen noch etwa zwei Wochen und verpuppen sich dann. Dazu heftet sich die Raupe mit dem Hinterteil an die Unterlage und verharrt in dieser Haltung. In ihrem Inneren vollzieht sich eine erste grundlegende Verwandlung, die nach etwa zwei Tagen beendet ist, wenn die Raupenhaut aufplatzt. Langsam schiebt sich die alte Haut nach oben und gibt eine hellgrüne Puppe frei, an der dann nur noch die Hautreste an das alte Raupenleben erinnern.
In dieser starren, reglosen Puppenhülle entsteht in nur drei Wochen der Schmetterling. Es ist ein eindrucksvolles Schauspiel, den Moment des Schlüpfens mitzuerleben. Der weiche, noch feuchte Schmetterling quetscht sich mühsam durch eine vorgebildete Nahtstelle am unteren Ende der Puppenhülle und klettert unsicher an ihr hinauf, um festen Halt zu finden.
Noch hängen die Flügel als winzige

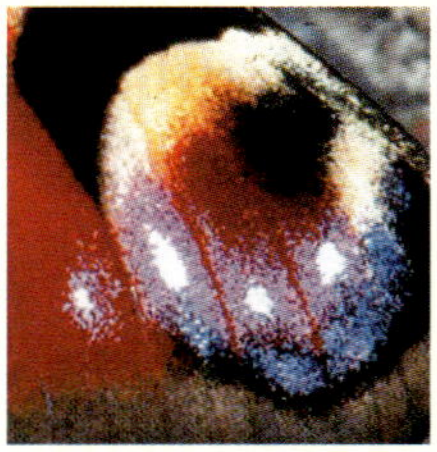

Erst durch die Abgabe eines Sekrettropfens wird die starre Puppenhülle so weich, dass der Falter die Nahtstelle durchstoßen kann.

zerknautschte Läppchen herunter. Sie müssen trocknen, aushärten und mit Luft und Körperflüssigkeit aufgepumpt werden. Erst dann hat der Schmetterling diese kritische erste Phase seines Falterlebens überstanden und kann zum Jungfernflug aufbrechen.
In seinem künftigen Leben als Falter wird er, ohne dass ihm jemand dies gesagt hat, immer die Flügel öffnen, wenn ihm ein Feind begegnet. Und seine Augen, von deren Bedeutung er nichts weiß, werden ihn vor Feinden schützen.

Tagpfauenauge, *Inachis io,* Familie: Edelfalter (Nymphalidae)

Verbreitung
Von Europa bis Japan, ohne den hohen Norden und die allersüdlichsten Länder wie Indien.

Fraßpflanzen
Brennnesseln.

Ansprüche
Der Falter lebt in Gärten und Parks, aber auch in vielen geschützten Biotopen. Die Raupe ernährt sich von Brennnesseln und bevorzugt sonnige Bestände mit hoher Luftfeuchtigkeit, wie man sie zum Beispiel an Gewässerrändern findet.

Generationenfolge im Jahr
Jan Feb März Apr Mai Juni Juli Aug Sep Okt Nov Dez

Im Jahr zwei Generationen. Der Falter überwintert. Eiablage im April/Mai und Juli/August. (Falter, Ei, Raupe, Puppe)

Windenschwärmer

Der Langrüssler

Flitterwochen in den Tropen – davon träumen viele. Doch wer im heißen Süden lebt, sieht das vielleicht ganz anders. So ist der Windenschwärmer eigentlich in den feucht-warmen Gebieten der Alten Welt zu Hause. Von Afrika über Indien und China bis hin nach Neuseeland fressen seine Raupen an Prachtwinde und Süßkartoffel. Aber immer wieder zieht es einzelne Abenteurer in den kühlen Norden. Sogar nach Island sollen einige von ihnen gelangt sein. Bei uns ist er, je nach Witterung, ab Mai zu finden. Dann sucht der große Nachtfalter Blüten, die ihm reichlich Nektar bieten, besonders Geißblatt, Tabak, Seifenkraut und Phlox.

Um Angreifer abzuwehren, gibt der Windenschwärmer seine perfekte Tarnung auf.

Sein bis zu 13 Zentimeter langer Rüssel erlaubt es ihm, auch in tiefen Kelchen an den süßen Stoff zu gelangen. Davon braucht er eine ganze Menge, denn der Windenschwärmer ist ein äußerst flugaktiver Falter. Und Fliegen kostet Energie.

Duftende Blüten mögen attraktiv sein – wenn das Weibchen Sexuallockstoffe ausströmt, hat das Männchen anderes im Sinn. In der Tiefe der Nacht treffen sich die Geschlechter zum trauten Stelldichein und lassen erst kurz vor dem Morgengrauen voneinander ab. Der Schmetterlingsdame fällt nun die Aufgabe zu, ihre bis zu 200 Eier in einem weiten Areal an Winden abzulegen. Ungefähr zwei Wochen dauert es, bevor die drei Millimeter langen Räupchen schlüpfen. Am Ende ihrer Entwicklung werden sie zehn Zentimeter lang sein – und den Betrachter mit ihrer Farbvielfalt verwirren. Braunschwarz, Grün oder Gelb, alles ist möglich.

Trotz ihres unterschiedlichen Aussehens haben alle Raupen eines gemein: Sie vertilgen nur Winden und sind extrem träge. Lieber fressen sie ein Blatt gänzlich auf, als sich die Mühe zu machen, ein anderes zu suchen. Erst wenn die Verpuppung ansteht, werden die lahmen Gesellen plötzlich zu unternehmungslustigen Wanderern und sind manchmal mehrere hundert Meter unterwegs, bis sie einen geeigneten Platz

Das typische Horn am Hinterende der Schwärmerraupen dient der Abschreckung.

Tief im Boden gräbt sich die Raupe eine Höhle. Diese bietet ausreichend Platz für die Puppe mit der auffälligen externen Rüsselscheide.

erreichen. Dort bauen sie eine Erdhöhle und verpuppen sich. Die freistehende Rüsselscheide, die an den Griff eines Spazierstocks erinnert, ist ein unverwechselbares Kennzeichen der Puppen.
Aus ihnen schlüpfen im Spätsommer neue Schmetterlinge. Erstaunlicherweise sehen sie ganz anders aus als ihre Eltern:
Die aus dem warmen Süden eingewanderten, graubraun marmorierten Falter sind meist relativ klein und haben eine blasse Zeichnung. Ihre im Norden geborenen Nachkommen sind dagegen größer und intensiver gefärbt. Der Grund sind tiefere Temperaturen und eine damit verbundene längere Entwicklungszeit.

Obwohl sie ausgesprochen frostempfindlich sind, kommt es immer wieder vor, dass einige Puppen überwintern und wir den Windenschwärmer schon im März bewundern dürfen.

Windenschwärmer, *Hyles euphorbiae*, Familie: Schwärmer (Sphingidae)

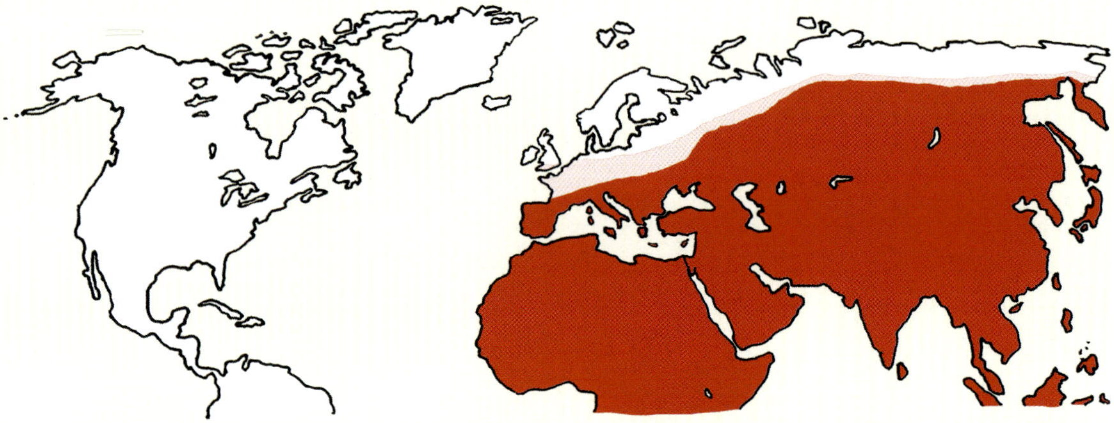

Verbreitung

Beheimatet in den Tropen der Alten Welt. Fliegt als Wanderfalter nach Europa ein und gelangt bis zum Polarkreis.

Fraßpflanzen

Die Raupen leben von den Blättern der Windengewächse, bei uns vor allem auf der Acker-Winde.

Ansprüche

Für den großen Nachtfalter sind nektarreiche Blüten von großer Bedeutung: Virginischer Tabak, Seifenkraut, Staudenphlox, Petunie und Jelängerjelieber. Liebt warme Hänge und Brachen, besonders Kartoffelfelder mit Ackerwinde.

Generationenfolge im Jahr

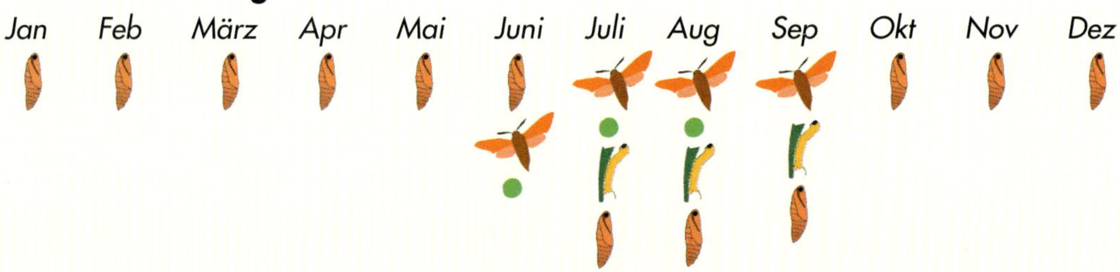

Eine Generation pro Jahr. Die Puppe überwintert. Im Juni schlüpfen die Falter, die den ganzen Sommer über Eier ablegen. (Puppe, Falter, • Ei, Raupe)

Schwalbenschwanz

Der edle Ritter

Der Schwalbenschwanz ist mit seinem gelbschwarzen Kleid, den blauen und roten Farbtupfern einer der prächtigsten mitteleuropäischen Schmetterlinge. Zwei elegante Zipfel an den Hinterflügeln haben ihm zu seinem Namen verholfen: Sie erinnern an den tief gegabelten Schwanz der Schwalbe.

Aus der Nähe so bunt, in der Wiese perfekt getarnt: Das auffällige Farbmuster der Raupe verschwimmt mit zunehmender Entfernung.

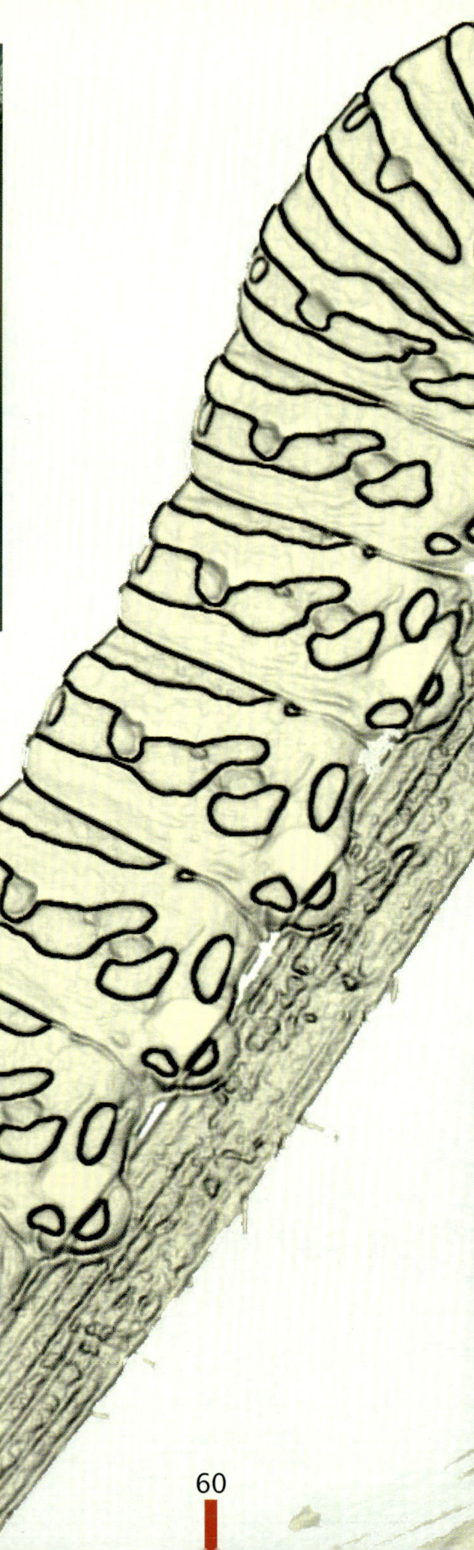

Sollte ihr dennoch ein Feind zu nahe kommen, setzt sie eine optisch-chemische Geheimwaffe ein: Die Nackengabel ist in einer Hautfalte hinter dem Kopf versteckt und wird unvermittelt ausgestülpt. Durch ihren eklig-süßen Gestank vergeht dem Angreifer schnell der Appetit.

Die Eier des Schwalbenschwanzes findet man nur an einer einzigen Pflanzenfamilie.

Der Schwalbenschwanz ist – ganz im Gegensatz zum sehr ähnlichen, aber äußerst seltenen Segelfalter – ein Kulturfolger. Das heißt: Er kann auch dort leben, wo die Natur vom Menschen verändert wurde. Auf trockenen Rasenflächen zum Beispiel, in Weinbergen, offenen Torfstichen und sonnenverwöhnten Feucht- und Streuobstwiesen. Besonders oft ist er allerdings auf wenig gedüngten Mähwiesen mit viel Rotklee anzutreffen. Rotklee-Nektar zählt eindeutig zu seinen Lieblingsspeisen. Der anpassungsfähige Schwalbenschwanz ist in fast jeder Höhenlage zu treffen: Er flattert an der Meeresküste und auf 2000 Meter hohen Bergen. Dass es der Falter bis in kühle Alpenregionen geschafft hat, ist verblüffend. Eigentlich sind Schwalbenschwänze nämlich tropische Insekten, nur wenige Arten wurden im vergleichsweise kühlen Norden heimisch. Im Umland der Schwäbischen Alb ist dieser Schmetterling (noch) häufig anzutreffen. Hier reicht tatsächlich ein Doldenblütler im Kräuterbeet oder auf dem Acker, um die Weibchen zur Eiablage in den eigenen Garten zu locken.

Die Eier heftet das Weibchen an frische Pflanzentriebe. Die runden, gelblichgrünen Eier verfärben sich bald ins Bräunliche, bis kurz vor dem Schlupf die bläulichschwarze Farbe der Raupe durch die transparente Eihülle hindurchschimmert. Die Raupen müssen viel fressen, um groß zu werden und häuten sich in dieser Zeit viermal.
Die Haut wächst bei Insekten nicht mit und wird den verfressenen Larven bald zu eng. Zur Häutung versteckt sich die Raupe an einem geschützten Ort, die alte Hülle platzt auf und eine neue und oft farbenprächtigere Haut bietet wieder ausreichend Platz für die weitere Völlerei. An der Färbung der Raupe kann der Experte deshalb erkennen, welches Stadium der Entwicklung er vor sich hat.
Die Raupen machen sich gern über Wilde Möhren und die Kleinen Bibernellen

Mit unglaublicher Akrobatik schafft es die Raupe, den seidenen Faden um ihren Körper in die passende Segmentfurche zu legen. Noch eine letzte Häutung und die Puppe (rechts) stützt sich in diesen Gürtel.

her, doch ist die Speisekarte der Schwalbenschwanzkinder groß. 25 verschiedene Doldenblütler werden verspeist, darunter auch einige aus dem Garten: Petersilie, Dill und die Gartenmöhre. Um seine Ernte muss aber deswegen kein Hobbygärtner fürchten: Die farbenfrohen Tagfalter sind so selten, dass man ihren Raupen gelegentliches Mitessen im Nutzgarten leichten Herzens zubilligen kann. Wer den prächtigen Falter in seinem Garten gern flattern sieht, sollte sich also mit der Ernte bis zur Verpuppung der Raupen gedulden.

Die ausgewachsene Raupe sucht sich nach einer kurzen Wanderphase einen geeigneten Platz, um sich zu verpuppen. Sie spinnt sich einen seidenen Faden und legt ihn geschickt um ihren Körper. In dieser Schlinge kommt die Raupe zur Ruhe und streift ein letztes Mal ihre Haut ab. Darunter kommt eine stabile Puppenhaut zum Vorschein, die zur besseren Tarnung meist die Farbe des Untergrundes annimmt. Völlig unbeweglich hängt die Gürtelpuppe an einem Zweig oder Halm, während sich in ihrem Inneren der Schmetterling entwickelt.

Nach etwa vier Wochen reißt die Puppenhülle an einer dafür angelegten Öffnung auf, und der frische Falter zwängt sich mit eng angelegten Flügeln heraus. Es dauert etwa zwei Stunden, bis die Flügel so weit mit Luft und Körperflüssigkeit aufgepumpt und so weit ausgehärtet sind, dass sie zum Fliegen benutzt werden können. Sogleich erhebt sich der Schwalbenschwanz zu seinem Jungfernflug und steuert im eleganten Gleitflug die nächstgelegene Nektarquelle an.

In unseren Breiten schafft der Schwalbenschwanz zwei Generationen pro Jahr. Aus den Eiern, die von der zweiten Faltergeneration abgelegt werden, entwickeln sich die Raupen im Laufe des Sommers allerdings nur noch bis zur Puppe. Den Winter über hängt das Leben des späteren Falters buchstäblich am seidenen Faden. Gut getarnt übersteht die Gürtelpuppe die kalte Jahreszeit.

Leicht und effektiv: Wenige starre Adern geben dem Flügel die notwendige Stabilität.

Sinnesapparat eines Schmetterlings: Die leistungsfähigen Komplexaugen bestehen aus Tausenden von Einzelaugen. Die vielgliedrigen Fühler sind nicht nur die Nase des Schmetterlings mit hochsensiblen Riechzellen, sondern dienen der räumlichen Orientierung und reagieren auf feinste Druckwellen. Die Geschmackszellen sitzen an der Spitze des langen Rüssels, der in Ruhestellung platzsparend aufgerollt ist.

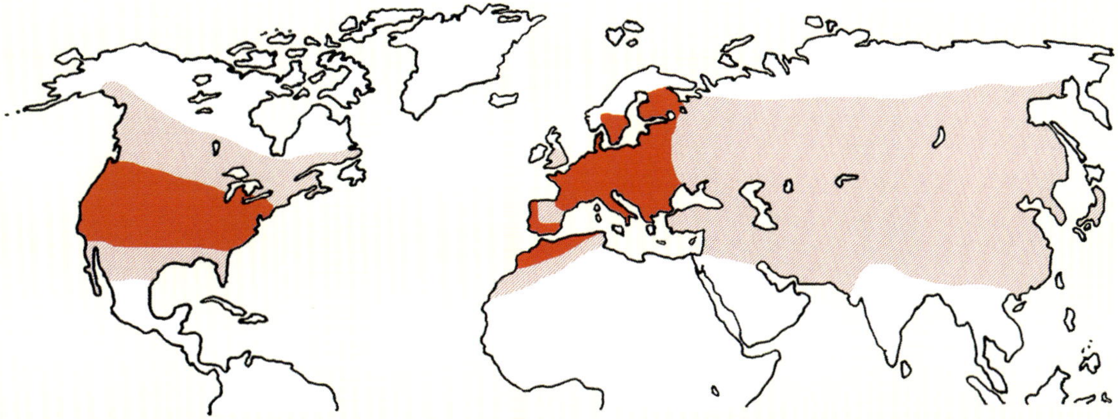

Verbreitung

Die Gesamtverbreitung erstreckt sich von Nordamerika über Europa und Nordafrika bis nach Asien. Hier sind die Nachweise zum Teil unsicher.

Fraßpflanzen

Ausschließlich Doldengewächse, besonders gerne Möhre, Wiesenkümmel, Kleine Bibernelle und Pastinak.

Ansprüche

Wenig gedüngte Wiesen, Dämme, Böschungen, Mager- und Trockenrasen gehören zu seinem Lebensraum. Als Kulturfolger besiedelt er aber auch Streuobstwiesen, Möhrenäcker, Weinberge und nicht zuletzt Gärten, wo man die Raupen auf Möhre, Petersilie oder Dill finden kann. Die Intensivierung der Landwirtschaft und die Säuberung von Wegrändern gefährden den Schwalbenschwanz in manchen Gebieten.

Generationenfolge im Jahr

Zwei Generationen pro Jahr. Die Puppe überwintert, im April schlüpfen die ersten Falter. Die zweite Faltergeneration schlüpft im Juli und fliegt bis in den Oktober.
(Puppe, Falter, • Ei, Raupe)

Hauhechel-Bläuling

Der Ameisen-Freund

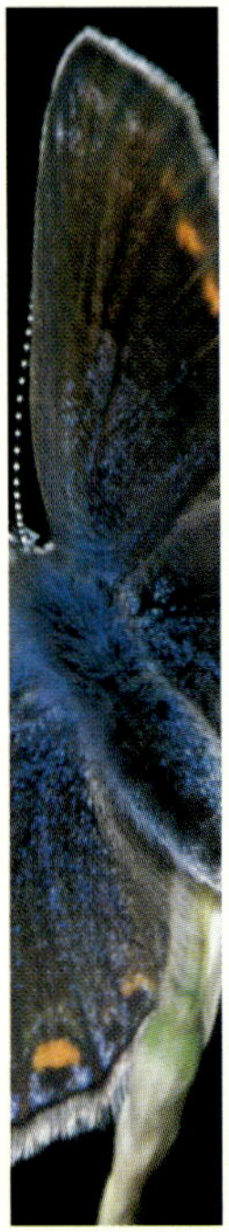

Wer gelegentlich in den Alpen wandert, der kennt den Hauhechel-Bläuling als farbenfrohen quicklebendigen Begleiter. Strahlend blau umflattert er den Wanderer, als wolle er im Alleingang aus der Natur ein impressionistisches Gemälde machen. Allerdings tragen nur die Männchen des Hauhechel-Bläulings das schöne blaue Kleid mit dem weißen Saum an den Flügeln, die Weibchen sind unscheinbarer, bräunlich mit blauem Schimmer und orangeroten Randflecken an den Hinterflügeln. Die Flügelunterseiten sind bei beiden Geschlechtern von hellbraunem Grundton mit schwarzen und orangefarbenen Flecken.

Wohl fühlt sich der Hauhechel-Bläuling in trockenen Lebensräumen, doch kann er sich auch im feuchteren Grasland oder in einem Stadtpark behaupten. Entscheidend ist, ob es für den Nachwuchs genügend Futter gibt. Wo die Futterpflanzen eine Saison überstehen, kann es der flugfreudige kleine Tagfalter meist auch.

Zur Nektarsuche werden die Blütenstände von Hülsenfrüchtlern angeflogen. Zwischen Klee und Luzerne treffen sich auch die Geschlechter, um sich zu paaren.

Grüne Assel? Eine ungewöhnliche Raupenform.

Bei der Eiablage bevorzugen die Weibchen Gewöhnlichen Hornklee und Hopfenklee, die Eier werden aber auch – daher der deutsche Name – auf Hauhechel abgelegt. Die hellgrünen Raupen fressen am Tag, sind perfekt getarnt und nur sehr schwer auf ihren Fraßpflanzen zu entdecken. Überraschenderweise geben Ameisen oft den entscheidenden Hinweis auf die Anwesenheit einer Bläulingsraupe. Den emsigen Insekten dienen die Raupen nämlich – genau wie die Blattläuse – als willkommene Melktiere. Die Raupe muss die Ameisen allerdings erst davon überzeugen, dass sie nicht einfach ein leckerer Fleischhappen ist wie die meisten anderen Insektenlarven. Sie hält weit köstlicheren Genuss bereit in Form einer Honigdrüse. Über diese wird eine wässrige Zuckerlösung ausgeschieden, sobald eine Ameise das Hinterteil der Raupe betrillert. Eine dicke Haut, die in einem Lappen über den weichen Kopf hinausragt, macht die Bläulingsraupen unempfindlich gegen rüdere Melkversuche und leichte Bisse der Ameisen.

Als Ausgleich für den Honig sorgen die Ameisen für Schutz vor Schlupfwespen und anderen Fressfeinden. Denn die halten sich fern, wenn die bissigen Insekten in der Nähe sind. Das Arrangement mit den Ameisen beschränkt sich beim Hauhechel-Bläuling allerdings auf die Raupenphase, die Verpuppung findet meist in den Blütenköpfchen der Futterpflanzen statt. Wesentlich weiter treibt es der seltene Ameisen-Bläuling, der seine Verführungskünste so geschickt einsetzt, dass er in die Nester der Ameisen getragen und dort bis zur Verpuppung versorgt wird.

Im Süden Deutschlands kann man eine erste Generation des Hauhechel-Bläulings schon Ende Mai antreffen. Diese vermehren sich so stark, dass der hübsche kleine Falter in seiner zweiten Generation, die Ende Juli schlüpft, in großen Gruppen auftritt und bis in den Randbereich der Städte vordringt. Dann mag ein kleines sonniges Kleefeld im Garten durchaus die Weibchen zur Eiablage bewegen.

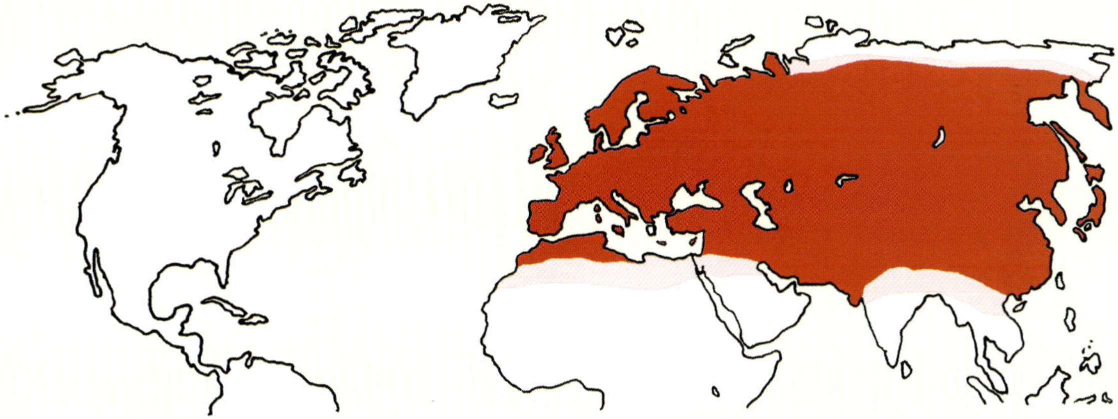

Verbreitung

Von Westeuropa (mit den Britischen Inseln) durch die gemäßigte Zone bis Ostasien. Im Süden im gesamten Mittelmeerraum sowie in Nordafrika und auf den Kanaren.

Fraßpflanzen

Verschiedene Vertreter der Schmetterlingsblütler, wie Gewöhnlicher Hornklee, Luzerne, Hopfenklee und Weiß-Klee.

Ansprüche

Die wohl häufigste Bläulingsart fliegt im offenen Land von trockenen und feuchten Gebieten. Auf Klee-Äckern kann man die Falter in größerer Zahl antreffen. Die Art lässt sich auch problemlos durch Bereitstellung der Fraß- und Nektarpflanzen, die weitgehend identisch sind, in größeren Naturgärten ansiedeln. Der Erhalt kleiner Brachflächen fördert den Bestand dieser Art.

Generationenfolge im Jahr

Zwei bis drei Generationen pro Jahr. Die Raupe überwintert. Eiablage im Mai, Juli, September. (Raupe, Puppe, Falter, Ei)

Taubenschwänzchen

Der Kolibri unter den Faltern

Das verborgene Leben eines Nachtfalters können Schmetterlingsfreunde am Beispiel des Taubenschwänzchens gut studieren. Dieser Schmetterling ist eigentlich ein Nachtfalter, hat aber seinen Rhythmus

völlig umgestellt und ist nur am Tag aktiv. Besonders in den sonnigen Nachmittagsstunden zeigt das Taubenschwänzchen den typischen Schwirrflug der Nachtschwärmer und steht dann wie ein Kolibri vor den Blüten. So gut imitiert er diesen tropischen Vogel, dass nicht selten Spaziergänger auf ihn hereinfallen und aufgeregt einen Kolibri vor einem mitteleuropäischen Blumenkasten melden.

Wenn es ans Nektarschlürfen geht, zeigt sich der Unterschied allerdings schnell, taucht doch der Schmetterling keinen Schnabel, sondern seinen ausgerollten Rüssel in den Blütenkelch. Dabei muss der Beobachter allerdings ganz genau hinschauen, denn das Taubenschwänzchen ist ein pfeilschneller Flieger und schafft bis zu 150 Blütenbesuche in der Minute. Das ist notwendig, um ausreichend Energie für den kräftezehrenden Schwirrflug aufzunehmen. Blüten ohne Nektar, die besonders bei den gefüllten Zuchtsorten auftreten, können daher zu einer tödlichen Falle für das Taubenschwänzchen werden: Bei wiederholtem vergeblichen Anflug auf diese hochattraktiven Blüten werden die Energiereserven sehr schnell aufgezehrt.

Zum Verschnaufen sucht sich das Taubenschwänzchen einen sonnigen Fleck. Bevorzugt werden Felswände, doch bieten auch Hausfassaden geeignete Ruheplätze, an

Eine akrobatische Meisterleistung: Eiablage im Schwirrflug.

denen sich oft ganze Schwärme zu Ruhegemeinschaften zusammenfinden. In der Sitzhaltung verdecken die zusammengelegten dunkelbraunen Oberflügel die gelbbraunen Unterflügel und die seitlichen Querstreifen am Hinterleib, so dass der Schmetterling auf dunklem Untergrund kaum auszumachen ist. Der fächerartig ausgebreitete dunkle Haarbusch am Ende des Hinterleibs hat zum deutschen Namen geführt und ist für die exakte Flugsteuerung unentbehrlich.

Das Taubenschwänzchen ist ein Wanderfalter, der alljährlich in großer Zahl aus Südeuropa nordwärts aufbricht und es in Etappen bis nach Skandinavien schafft. Nur unter besonders günstigen Bedingungen kann der Falter auch in Mitteleuropa überwintern. Das Weibchen legt auf dem Flug nach Norden seine Eier ab, bevorzugt an Labkraut, das in jeder naturbelassenen Wiese in ausreichender Menge zu finden ist.

Viele Schmetterlinge können mit den Füßen riechen oder schmecken. So erkennt auch das Weibchen des Taubenschwänzchens durch eine kurze Berührung der Blätter mit den Vorderbeinen, ob es sich um die

richtige Pflanze in der großen Auswahl handelt. Die Eiablage erfolgt dann ebenfalls im Schwirrflug, der Hinterleib wird kurz nach vorne gebogen und das Ei an die jungen Blätter geheftet.
Die längsgestreiften hellgrünen Raupen zeigen noch das Verhalten ihrer Verwandtschaft und fressen meist im Schutze der Nacht. Tagsüber sind sie im Grün der Wiese gut getarnt, einzig ihre Vorliebe für die Blütenstände des Labkrauts verraten dem Kenner ihre Anwesenheit. Sollte also dieses anspruchslose Pflänzchen in der eigenen Wiese in einem Jahr auffällig schlecht zur Blüte kommen, dann kann der Gartenbesitzer sich ersatzweise über den Nachwuchs des Taubenschwänzchens freuen.

Typisch für die Familie der Schwärmer: das Abdominalhorn am Hinterende.

Taubenschwänzchen, *Macroglossum stellatarum*, Familie: Schwärmer (Sphingidae)

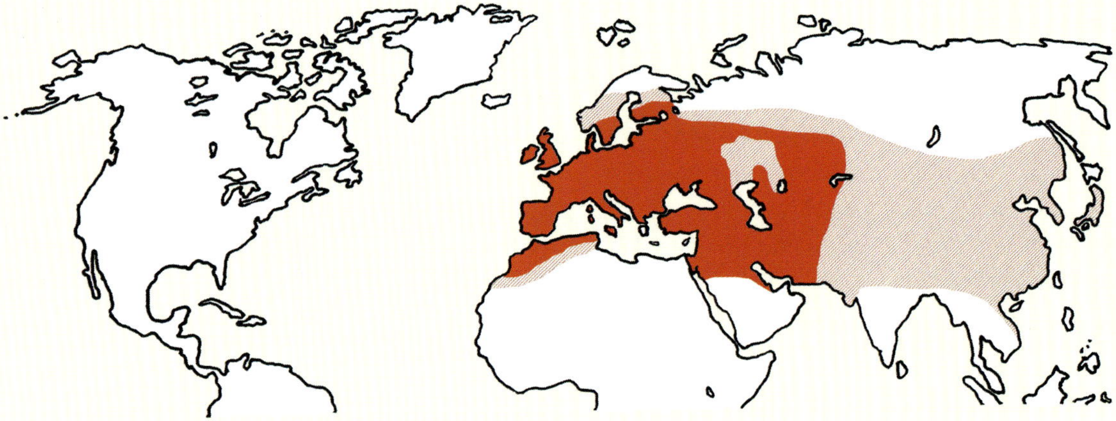

Verbreitung

Europa bis zum Polarkreis. Ostwärts bis Japan, im Süden bis zur Sahara und in den Irak, vermutlich auch weiter in den Osten.

Fraßpflanzen

Die Raupen fressen vor allem Labkraut-Arten.

Ansprüche

Das Taubenschwänzchen bevorzugt sonnige Plätze. Sein energiezehrender Stoffwechsel braucht große Mengen an Nektar, wie ihn Rittersporn, Eisenkraut, Buddleja oder Rotklee bieten. Da sich die Falter rein optisch orientieren, werden prächtig blühende, aber nektarlose Zuchtformen von Fuchsie oder Petunie leicht zur lebensbedrohlichen Falle.

Generationenfolge im Jahr

Jan Feb März Apr Mai Juni Juli Aug Sep Okt Nov Dez

Wanderfalter aus Südeuropa. Auf dem Flug nach Norden legt das Weibchen die Eier ab. Meist nur eine Generation pro Jahr. (Falter, ● Ei, Raupe, Puppe)

Distelfalter

Der Weltenbummler

Wenn es den Vögeln im Winter zu kalt wird, fliegen sie in den Süden. Das wissen heute schon die Kinder. Dass es auch Schmetterlingsarten gibt, die vergleichbare Winterfluchten im Programm haben, ist weniger bekannt.

Der Distelfalter ist, genau wie der Admiral, so ein Saisonwanderer. Er verlässt zu einer bestimmten Zeit im Jahr seine Sommerheimat in Mittel- und Nordeuropa und fliegt auf festgelegten Routen in den wärmeren Süden. Dort vermehrt er sich nach Schmetterlingsart und stirbt. Die Nachkommen flattern dann auf der Route, auf der ihre Eltern in den Süden kamen, wieder gen Norden. In der alten Heimat angekommen, paaren sie sich und halten so den Zyklus in Gang. Wahrhaft europäische Familien entstehen auf diese Weise: Während die Eltern vielleicht in Rom geboren wurden, stammen die Kinder aus Kiel.

Distelfalter folgen auf ihrer Nordwanderung den Blütezeiten begehrter Blumen. Einziges Hindernis dabei sind die frostigen Alpenhauptkämme, die im schnellen Geradeausflug überbrückt werden müssen.

Die Schmetterlingsforscher brauchten lange, ehe sie ein einigermaßen klares Bild von den bemerkenswerten Flug-Gewaltmärschen der Distelfalter zeichnen konnten. Bereits im zeitigen Frühjahr, März/April, erreicht eine erste Wanderwelle Mitteleuropa und – bei günstiger Witterung – in kleineren Gruppen den Süden Deutschlands. Wer ein Exemplar mit zerschlissenen Flügelrändern auf heimatlichen Frühblühern hocken sieht, sollte den Hut ziehen: Er hat einen filigranen Hochleistungs-Flugapparat für Langstrecken vor sich.

Die zweite Welle erreicht Süddeutschland Ende Mai bis Mitte Juni; die Ankömmlinge sind meist etwas weniger ramponiert als die Exemplare der ersten Welle, handelt es sich doch um Reisende, die im nördlichen Südeuropa aus der Puppe gekrochen sind.

Aufbruch in den Süden: Der Distelfalter weicht in der kalten Jahreszeit nach Süden aus. Er überquert bei seinen gewaltigen Wanderflügen sogar die Alpen.

Überdachter Fressplatz: Zum Schutz spinnt sich die Raupe an der Fraßpflanze ein.

Im Hochsommer gaukelt schon die Nachkommenschaft der ersten Reisewelle über Mitteleuropas Nektargründen.
Die Falter, denen der lange spätsommerliche Rückflug bevorsteht, decken ihren erhöhten Energiebedarf gern auf Rotklee- und Luzerneäckern. Fallobst, mit dem der ähnlich reisefreudige Admiral Kraft für den langen Flug gewinnt, lässt der Distelfalter links liegen.
Distelfalter sieht man komischerweise nur selten auf Disteln. Erst wenn das Weibchen seine Eier ablegt, kommt die namensgebende Pflanze zu Ehren und wird als Gelege genutzt. Zwar werden prinzipiell auch Brennnesseln und Malven als Nahrungspflanzen akzeptiert, doch hängt die Raupe ganz besonders an der Distel.
Weibchen heften ihre Eier oft an sehr junge Distelpflanzen, die dann gewissermaßen mit ihren Fressfeinden am Körper in die Höhe wachsen. Im Unterschied zu anderen Faltern, die ein wenig heikel sein können, was die richtigen Wetterbedingungen für die Eiablage anbelangt, hat man Distelfalter-Weibchen schon bei kräftigem Wind und Nieselregen beim „Eier-Kleben" beobachtet.

Noch weich und biegsam schiebt der gerade schlüpfende Distelfalter seine Flügel aus der Puppenhülle.

Distelfalter zählen zu den „perching species", Arten, die das Thema Paarung lieber im Sitzen angehen. Geduldig wartet das Männchen auf seinem Platz, ob Weibchen vorbeifliegen. Das Areal um den Ansitz betrachtet der männliche Falter als sein Revier und verteidigt es, auch wenn es für den menschlichen Betrachter ziemlich kahl und langweilig aussieht. Der Falter schützt sein Territorium allerdings nicht rund um die Uhr. Erst ab dem späten Nachmittag, von 16 bis 20 Uhr, werden Rivalen die Überflugrechte streitig gemacht.
Eine besondere Vorliebe scheint der Distelfalter für tief eingedrückte Fahrspuren entwickelt zu haben. In den kleinen Gräben ist der Falter vor Wind geschützt und kühlt nicht aus – ein wichtiger Bilanzposten für ein Lebewesen, das mit kleinsten Einheiten rechnen muss. Zusätzlich nutzt der Distelfalter noch die Solarenergie. Experten haben bemerkt, dass die weit geöffneten Flügel sitzender Falter in den späteren Nachmittagsstunden einen idealen Einfallswinkel zur tief stehenden Sonne bilden.

Wärmebedürftig ist der Distelfalter schon in seiner Puppenzeit. In den zusammengesponnenen Distelblättern, in denen sich die Raupe verpuppt, findet man immer dann tote Puppen, wenn der Sommer zu früh in den Herbst übergeht. Reichen aber die wärmenden Strahlen des Sommers in den Herbst hinein – wie es in den letzten Jahren oft der Fall war – dann schlüpfen sogar im Oktober noch vereinzelte Nachzügler. Diese machen sich sofort auf die lange Reise in den Süden und schaffen mit etwas Glück noch den gefährlichen Weg über die Alpen, auf dem im Frühjahr ihre Eltern gekommen waren.

Distelfalter, *Cynthia cardui*, Familie: Edelfalter (Nymphalidae)

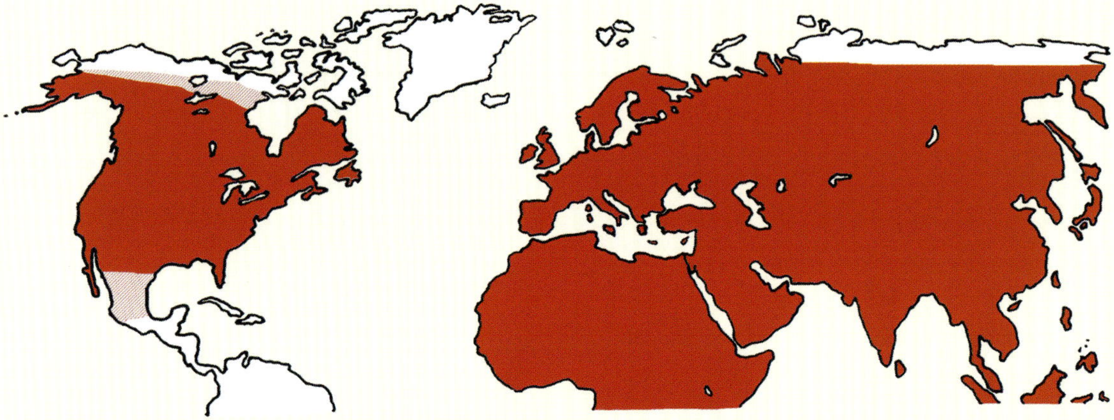

Verbreitung

Als Wanderfalter praktisch weltweit verbreitet, mit Ausnahme von Südamerika.

Fraßpflanzen

Bevorzugt an Disteln und Kratzdisteln, aber auch Brennnesseln werden gefressen, gelegentlich sogar Malven-Blätter.

Ansprüche

Im Vergleich zum Admiral ist der Distelfalter stärker an die Feldlandschaft gebunden. Viele Raupen erliegen deshalb dem Herbizideinsatz und der Ackerrandpflege. Im Garten können sich auf Brachland mit Disteln und entsprechenden Nektarpflanzen schnell die Raupen des Distelfalters einstellen.

Generationenfolge im Jahr

Jan Feb März Apr Mai Juni Juli Aug Sep Okt Nov Dez

Wanderfalter. Bei uns meist nur eine Generation. (Falter, Ei, Raupe, Puppe)

Totenkopfschwärmer

Der Schrecken der Nacht

Seinen schlechten Ruf wird der Totenkopfschwärmer nicht los: Abergläubische Menschen von Afrika bis Skandinavien sehen in ihm einen Unglücksboten. Seinen deutschen Namen verdankt er der Rückenzeichnung, die an einen Totenschädel erinnert.

Die Heimat dieses Wanderschwärmers ist das östliche Afrika. Alljährlich fliegt er nach Mitteleuropa ein, wo er ab Ende Mai auf seinen nächtlichen Streifzügen anzutreffen ist. Am Tag verharrt der Totenkopfschwärmer gut getarnt am Boden oder auf Baumstämmen und ist dort nur zufällig zu entdecken. Neben seiner auffälligen Körperzeichnung hat der bis zu 13 Zentimeter große Schwärmer die ungewöhnliche Fähigkeit, bei der Balz piepsende Laute zu erzeugen.

Die Raupe in der Häutungsphase. Dabei wird die alte Kopfkapsel als erstes abgestoßen.

Zur Verpuppung gehen die Raupen des Totenschwärmers unter die Erde. Zwei gelbe und eine braune Farbvariante haben sich hier bereits bis zur Hälfte in den Boden eingegraben, nur die Hinterteile (kleines Bild) mit dem charakteristischen Anhängsel schauen noch heraus.

Für jedes andere Insekt der sichere Tod: Nächtlicher Raubzug im Bienenstock.

Nach der erfolgreichen Paarung legt das Weibchen in den folgenden Nächten bis zu 500 Eier in kleinen Gruppen an geeigneten Nährpflanzen ab. Um auch außerhalb der Heimat die richtigen Futterpflanzen zu finden, dürfen die Raupen des Totenkopfschwärmers nicht allzu wählerisch sein. Die Eier werden hauptsächlich an Kartoffelkraut geheftet. Aber auch Liguster und Oleander, sogar Flieder und Olivenbäume werden als Futterpflanzen nicht verschmäht.

In Zeiten, als auf den Einsatz von Insektiziden verzichtet wurde und viele Kartoffelfelder von Hand geerntet wurden, waren die großen Raupen und Puppen des Totenkopfschwärmers sehr viel häufiger zu finden als heute. Die Raupe hat auffällige bläuliche Seitenstreifen und variiert in ihrer Grundfarbe von hellgelb bis grünlich nach orange und braun. Nach der vierten Häutung ist die ausgewachsene Raupe etwa zwölf Zentimeter groß und gräbt sich nach einer kurzen Wanderphase tief im Boden ein. Dort verpuppt sie sich in einer kleinen Höhle. Etwa vier Wochen später schlüpfen die fertigen Falter.

Da die Puppen in Mitteleuropa nur in seltenen Fällen erfolgreich überwintern, ist der Bestand in Deutschland gänzlich abhängig von der Anzahl der aus dem Süden einfliegenden weiblichen Falter. Dennoch ist es notwendig, diesen inzwischen eher seltenen Wanderschwärmer hier und in seinen Heimatländern ausreichend zu schützen. Der Totenkopfschwärmer ernährt sich vom Saft überreifer Früchte und dem Honig wilder Bienen und Hummeln. Er dringt auf seinen nächtlichen Raubzügen sogar in die Stöcke der Honigbienen ein. Durch die raffinierte Nachahmung der chemischen Zusammensetzung des Bienenduftes bleibt er lange genug unerkannt, um die benötigten drei bis fünf Honigzellen pro Mahlzeit leer zu saugen. Zusätzlich scheinen die piepsenden Geräusche die Angriffslust der Bienen zu hemmen. Mit dieser Tarnung überlebt der große Schmetterling den gefährlichen Vorstoß in einen Bienenstaat meistens. Gelegentliche Funde eines in Wachs mumifizierten Falters belegen aber, dass sich die klugen Immen nicht immer vom nächtlichen Honigdieb täuschen lassen.

Vor dem Abflug muss der grosse Nachtfalter seine Flugmuskulatur durch Flügelzittern aufwärmen. Dabei ist der bienenartig gemusterte Hinterleib gut zu sehen.

Totenkopfschwärmer, *Acherontia atropos*, Familie: Schwärmer (Sphingidae)

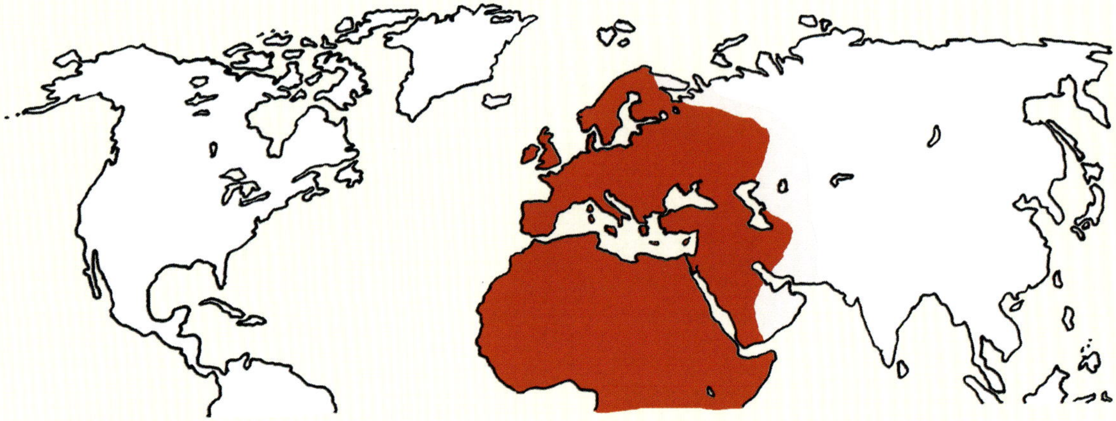

Verbreitung

Afrika und Mitteleuropa.

Fraßpflanzen

Die Raupe frisst am liebsten Nachtschattengewächse, vorzugsweise Kartoffel. Seltener nimmt sie mit Liguster, Stechapfel und Virginischem Tabak vorlieb.

Ansprüche

Fliegt als Wanderfalter meist im Spätsommer aus Afrika bei uns ein. Nutzt großflächige Kartoffeläcker zur Eiablage. Die Raupen haben als landwirtschaftliche Schädlinge keine Bedeutung und sollten deshalb nicht bekämpft werden.

Generationenfolge im Jahr

Jan Feb März Apr Mai Juni Juli Aug Sep Okt Nov Dez

Wandert als Falter in Mitteleuropa ein. Die Puppen überstehen die kalte Jahreszeit nicht.
(Falter, Ei, Raupe, Puppe)

Admiral

Liebt Nektar und Obstler

Mitten im Sommer ist der Admiral plötzlich überall anzutreffen, sogar in unseren Städten fühlt er sich wohl. Wirklich heimisch ist dieser schöne Schmetterling aus der Familie der Edelfalter in Mitteleuropa aber nicht. Denn der Admiral ist, wie der Distelfalter, ein Wanderer, der erst zum Ende des Frühjahres seinen Weg über die Alpen nach Norden findet. Einmal angekommen entwickelt er sich prächtig und erfreut sich an Gärten, Blumenbeeten und Parkanlagen. Besonders die nektarreichen Blütenstände des Sommerflieders ziehen die Falter magisch an. An warmen Tagen sind oft ganze Trupps auf Buddleja in eiligem Trinkgelage zu beobachten.

Ungestörtes Fressen: Die Raupe verzehrt von innen das Brennnesselblatt, in das sie sich eingerollt hat.

Der Admiral bevorzugt dicht stehende Nesseln am Rand großer Bestände. Die Eier werden einzeln an junge Pflänzchen gelegt, nach etwa einer Woche schlüpfen die Raupen.
Die Raupe des Admirals lebt allein und baut sich sofort ein schützendes Versteck, indem sie die beiden Ränder eines Blattes zusammen spinnt. Da die Raupe den Blattstiel anknabbert, sind diese „Tüten" oft nach unten abgeknickt und leicht angetrocknet. Das Fraßbild der älteren Raupen ist noch auffälliger, da jetzt der Pflanzenstängel angenagt wird. Dadurch

Die eigentliche Heimat des Admirals ist der Süden Europas und der Norden Afrikas, von wo aus die ersten Falter im Mai nach Norden aufbrechen. Mit der Paarung wird nicht lange gewartet, und auch die Eiablage geht das Weibchen zügig an. Als Nahrungspflanze für die Raupen kommt bei uns nur die Brennnessel in Frage.

Umzug ins nächste Fress-Zimmer.

Auch die Puppe hängt in einem schützenden Gehäuse aus Brennnesselblättern und ist deshalb in der Natur nicht frei zu sehen.

klappt die Spitze der Brennnessel an der Fraßstelle um. Die schlaffen Blätter werden von der Raupe ebenfalls versponnen, sodass ein Versteck entsteht, in dem sich das Tier gut geschützt von den angewelkten Wänden seines Hauses ernähren kann.

Die Raupen sind variabel in der Farbe, von graugrün bis schwarz reicht das Spektrum. Immer ist der Kopf tiefschwarz und der Rücken von mehreren Reihen kurzer verzweigter Auswüchse bedeckt. An den Körperseiten läuft ein unterbrochener gelber Streifen. Dadurch ist der Nachwuchs eindeutig von dem anderer Nesselfalter zu unterscheiden. Nach etwa vier Wochen verpuppt sich das Tier in seinem Blattgehäuse. Die Puppe ist als sogenannte „Stürzpuppe" mit ihrem Hinterende aufgehängt. Je nach Lichteinfall erstrahlt sie in metallischem Glanz. Nach weiteren zwei bis drei Wochen platzt sie an einer Nahtstelle auf, und der junge Schmetterling muss nur noch seine Flügel entfalten, bevor er sich hungrig auf die Suche nach Nahrung begeben kann. Jetzt ist es Ende Juli, und mit einem Schlag erobert der Admiral Stadt und Land.

Die Männchen sichern sich für gewöhnlich ein etwa 100 Quadratmeter großes Revier. Hier umflattern sie in den späten Nachmittagsstunden alles, was auch nur entfernt nach einem Weibchen aussieht. Für uns unterscheiden sich die Weibchen nur geringfügig von den Männchen: Sie tragen einen kleinen weißen Fleck in der roten Binde auf dem Vorderflügel.

Der Revierinhaber erkennt am Duft des Eindringlings, ob ein Weibchen oder aber ein männlicher Rivale in sein Territorium geflattert ist. Dieser wird sofort angegriffen und in rasanten Spiralflügen erst steil nach oben und dann über die Reviergrenze hinaus gejagt. Der Revierbesitzer kehrt anschließend an seinen Sitzplatz zurück, wo er in der warmen Abendsonne weiter auf ein Liebesabenteuer hofft.

Im Sommer Nektar, im Herbst lieber ein Aufgesetzter aus vergorenem Obstbrei, Prosit! Die Flugtauglichkeit wird durch übermäßigen Alkoholkonsum beträchtlich vermindert.

Wenn im Spätsommer die Nektarquellen langsam verblühen, stärkt sich der Admiral an Fallobst. Besonders an aufgeplatzten Pflaumen und Zwetschgen saugt er mit seinem langen Rüssel den zuckerreichen Saft. Zur besseren Verdauung beendet er sein Mahl am liebsten mit einer hochprozentigen schwäbischen Mostbirne.
Mit dem Ende des Sommers verschwindet der Admiral dann plötzlich aus unseren Gärten und Obstwiesen, um erneut auf Wanderung zu gehen, diesmal in Richtung Süden. Nur dort bleibt es auch über den Winter so warm, dass der Falter überleben kann. Die Mehrzahl unserer alljährlich einwandernden Tag- und Nachtfalter fliegt nur ausnahmsweise zurück über die Alpen in ihre südlichen und wintermilderen Herkunftsgebiete.
Damit ist der Admiral ein echter Sommergast, der die schönsten Monate bei uns verbringt, um in der kalten Jahreszeit wieder in den Süden zu entschwinden – wer könnte es ihm verübeln?

Admiral, *Vanessa atalanta,* Familie: Edelfalter (Nymphalidae)

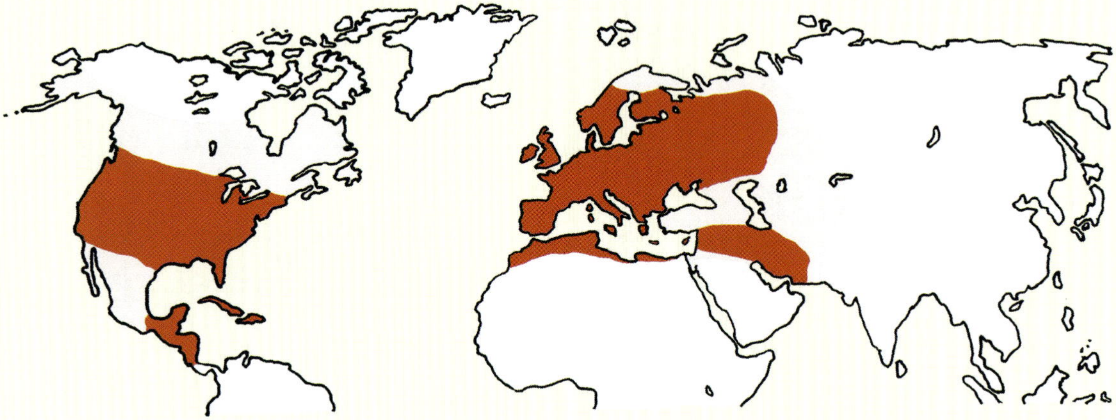

Verbreitung

In Europa und Vorderasien, aber auch bis nach China und Japan, ebenso in Nordafrika, auf den Kanarischen Inseln und den Azoren. In Nordamerika wurde er vermutlich eingeschleppt.

Fraßpflanzen

Die Raupen fressen nur Brennnesseln.

Ansprüche

Als Wanderfalter nicht an bestimmte Lebensräume gebunden. Er ist auch in Stadtgärten und Parkanlagen anzutreffen; im Spätsommer bevorzugt an überreifem Obst, was dem Falter die nötige Energie für den Rückflug bietet. Da die Raupen den Winter bei uns nur in sehr günstigen Jahren überstehen, hängt die Individuenzahl stark von einfliegenden Tieren ab.

Generationenfolge im Jahr

Jan Feb März Apr Mai Juni Juli Aug Sep Okt Nov Dez

Wanderfalter. Bildet bei uns im Jahr in der Regel zwei Generationen.
(Falter, Ei, Raupe, Puppe)

Wolfsmilchschwärmer

Bunt und giftig

Bei Störung krümmt der Falter den Hinterleib nach unten und zeigt zur Abwehr die roten Flecke der Hinterflügel.

Das Verbreitungsgebiet des Wolfsmilchschwärmers reicht von den Kanarischen Inseln über Zentral- und Südeuropa bis in den Vorderen Orient, Russland, Indien und China. Die Falter der jeweiligen Regionen unterscheiden sich in der Farbe so deutlich voneinander, dass schon Zweifel aufkamen, ob sie überhaupt der gleichen Art angehören. Davon aber geht man bis heute aus.

In Nordafrika und im Mittelmeerraum sind die einzelnen Sippen an die jeweiligen Wolfsmilchgewächse gut angepasst. Wer nach Mallorca kommt, findet die Raupen schon im Dezember auf der dortigen Wolfsmilch, auf der Kanarischen Wolfsmilch tauchen sie dagegen erst im März auf. Im kühleren Deutschland, der nördlichen Grenze seines Verbreitungsgebiets, drängt es den mediterranen Schwärmer verständlicherweise dorthin, wo es richtig heiß ist, an trockene, sonnenverbrannte Wegränder, wo es die Zypressen-Wolfsmilch gerade noch aushält.

Dreierlei Füße: Nur die drei Brustfüße der Raupe (unten) sind echte Füße und entsprechen denen des Schmetterlings, mit ihnen kann die Raupe ihr Futter greifen. Die vier Bauchfüße (links) und der große Nachschieber (rechts) sind Ausstülpungen der Raupenhaut und dienen dem langen Raupenkörper zur Fortbewegung. Viele endständige Haken verleihen diesen Füßen guten Halt auf fast jeder Unterlage.

Die Futterpflanzen bieten den Raupen nicht nur Nahrung, sondern auch eine perfekte Lebensversicherung. Der weiße Saft der Wolfsmilchgewächse enthält Gift, das für den Menschen und viele Tiere tödlich sein kann. Mit ihrer auffälligen schwarz-gelb-roten Farbenpracht warnen die Raupen mögliche Feinde vor der drohenden Gefahr, ihnen selbst machen die Gifte nichts aus. Ein Vogel aber, der die Warnung ignoriert, wird den vermeintlichen Leckerbissen bald wieder herauswürgen – oder an ihm zugrunde gehen. An den schwarz-gelb-roten Raupen wird er sich

jedenfalls nicht noch einmal versuchen. Ameisen allerdings schadet das Gift nicht, sie greifen nicht selten in ganzen Trupps die gesellig lebenden Raupen an, solange diese jung sind. Die erwachsenen Tiere brauchen mit ihren acht Zentimetern Länge diese Angreifer nicht mehr zu fürchten. Ihnen droht eher Gefahr von Schlupfwespen und Raupenfliegen, die ihre Eier mit spitzen Legestacheln direkt in den Raupenkörper hineinspritzen. Die Larven fressen die noch lebende Raupe dann von innen auf. Klugerweise heben sich die Parasiten die lebenswichtigen Organe bis zum Schluss auf. Mancher Puppe eines Schmetterlings entschlüpft deshalb kein Falter, sondern eine Schlupfwespe. Das natürliche Gleichgewicht der Natur wird durch die Parasiten erhalten.
Ungewöhnlich für Schmetterlinge ist das Auftreten von Wolfsmilchschwärmer-Raupen verschiedenen Alters an einem Standort. Hier haben mehrere Weibchen bei der nächtlichen Eiablage nacheinander dieselbe Pflanze belegt – bei 300 bis 400 Eiern pro Weibchen und dem Mangel an geeigneten Standorten kommt so etwas häufiger vor.

Wie alt die Raupen sind kann man mit dem bloßen Auge erkennen, da sich bei jeder Häutung die Farbenpracht der Raupen erhöht. Direkt nach dem Schlüpfen sind die Tiere noch unscheinbar schwarz oder grau, mit der ersten Häutung tritt dann ein gelber Rückenstreifen hervor. Das dritte Kleid der Raupe ist schon farbiger gefleckt, es überwiegen aber noch die Gelbtöne. Nach der dritten und vierten Häutung treten schließlich die roten Farben hinzu und geben der ausgewachsenen Raupe ihr markantes Aussehen.
Wie der Nachwuchs anderer Schmetterlinge auch, sind die Raupen des Wolfsmilchschwärmers äußerst energiebewusst. Die Tiere fressen die herumliegenden Eihüllen und ihre abgelegten Häute gleich wieder auf. Kostbare Rohstoffe werden so wieder verwertet.
Zum Ende seiner Raupenphase wird das Tier unruhig, verlässt seine Futterpflanze und macht sich auf die Suche nach einem geeigneten Plätzchen für die Verpuppung. Hat sie es gefunden, spinnt sich die Raupe am Boden in Pflanzenreste ein und übersteht so, gut isoliert und bestens getarnt, den Winter.

Wolfsmilchschwärmer, *Hyles euphorbiae*, Familie: Schwärmer (Sphingidae)

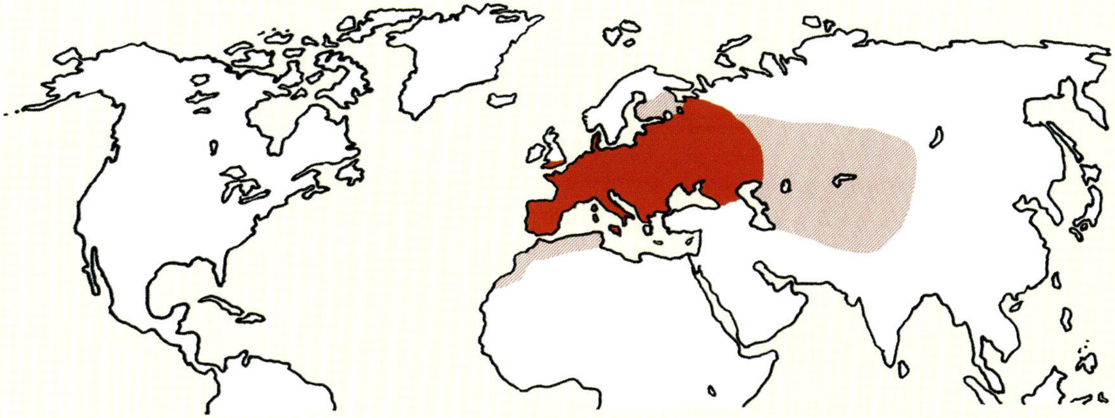

Verbreitung
Ganz Europa bis auf den hohen Norden; außerdem nachgewiesen in Nordafrika, und bis nach Zentralasien.

Fraßpflanzen
Meist an Wolfsmilchgewächsen, hauptsächlich an Zypressen-Wolfsmilch und Steppen-Wolfsmilch, seltener auch an Vogelknöterich oder Bingelkraut.

Ansprüche
Als Bewohner offener Landschaften benötigt er kalkreiche Trockenrasen, Lößhänge, Sandfluren, Kiesgruben, Ackerrandstreifen und Weinberge. In Siedlungsgebieten sind die dämmerungsaktiven Falter nur selten zu beobachten. Starke Dezimierung durch den Einsatz von Herbiziden und Insektiziden an Wegrändern.

Generationenfolge im Jahr

Eine Generation pro Jahr. Die Puppe überwintert. Im Juni schlüpfen die Falter, die den ganzen Sommer über Eier ablegen. (Puppe, Falter, • Ei, Raupe)

Oleanderschwärmer

Farbenpracht der Tropen

Oleanderschwärmer

Oleanderschwärmer

Was hat die Natur sich wohl dabei gedacht, ausgerechnet einen ihrer schönsten Schmetterlinge nur in der Nacht zu präsentieren? Der Oleanderschwärmer ist ein Feuerwerk an Farben und Linien: Dunkel- und hellgrüne, weiße, rosafarbene und violette Streifen und Bänder schmücken ihn in wildem Wechselspiel je nach Lichteinfall und Flügelstellung. Auch die besten Fotos können nur eine Ahnung von der Pracht dieses Farbwunders geben. Leider verschmilzt der Schwärmer tagsüber perfekt mit seiner Umgebung und ist nur schwer im grünen Blattwerk zu entdecken. Sollte ihm dennoch ein Feind zu nahe kommen, setzt er auf ein auch bei vielen seiner Verwandten beliebtes Mittel: die Abschreckung. Nur kurz muss er seine Flügel aufklappen und die beiden großen Augenflecken präsentieren, schon ist der Angreifer verwirrt, und der Falter kann entkommen. Meistens jedenfalls.

In der Abschreckungstechnik üben sich schon die Raupen des Oleanderschwärmers. Wenn sich die riesigen, quer gestreiften Tiere aufrichten, sehen sie aus wie gefährliche Giftschlangen, die

Das letzte Hinterleibssegment verrät das Geschlecht: männlicher Falter in Schlafstellung.

Das dichte Haarkleid des Brustabschnitts schützt die Flugmuskulatur vor der nächtlichen Kälte.

Ein fruchtbares Tandem, bei dem das Weibchen die tragende Rolle hat.

Normalerweise im Oleander gut getarnt (links), wird die Raupe bei Störungen zum giftspritzenden Alien.

ihr Maul öffnen. Den meisten Vögeln vergeht dann schnell der Appetit. Zu ihrem Glück: Denn oft sitzen die Raupen auf Oleandersträuchern und verspritzen bei Bedarf den halbverdauten Brei dieser giftigen Pflanze.
Vor der Verpuppung ändert die Raupe ihre Farbe: Sie wird braun wie der Erdboden und ist entsprechend gut geschützt, wenn sie sich aus Blättern und loser Erde am Boden ein dünnes Gespinst baut, in dem sie sich verpuppen kann.
Die Puppen des Oleanderschwärmers zählen wie der Falter zu den schönsten aller Schmetterlinge. Hellbraun marmoriert mit braunen Punkten und schwarzer Rüsselscheide erinnern sie an kostbare Holzschnitzkunst aus der Heimat dieses Nachtfalters. Einer entfernten Heimat. Denn leider ist der Oleanderschwärmer bei uns nicht wirklich heimisch. Nur in besonders warmen Jahren

wandert er aus den tropischen afrikanischen Küstengebieten nach Mitteleuropa ein. Die Raupen, die sich bei uns auch von Immergrün oder Ligusterblättern ernähren, verpuppen sich zwar noch. Doch schaffen es die Puppen nur ausnahmsweise über den Winter. Schon bei Temperaturen unter zehn Grad Celsius müssen sie sterben.
Mit etwas Glück brechen aber bereits im nächsten Frühjahr wieder einige dieser prächtigen Nachtfalter nach Norden auf und bereichern unseren Nachthimmel.

Ein Kunstwerk der letzten Art: Endprodukt eines Durchganges durch den Raupendarm. Raupenkot ist auffällig trocken, da jeder Tropfen Wasser kostbar ist.

Oleanderschwärmer, *Daphnis nerii*, Familie: Schwärmer (Sphingidae)

Verbreitung
Kerngebiet vom tropischen Afrika bis nach Indochina. Wurde 1974 nach Hawaii eingeschleppt.

Fraßpflanzen
Meist Hundsgiftgewächse wie Immergrün und Oleander. Gelegentlich auch Liguster.

Ansprüche
Nur in besonders warmen Jahren gelangen wandernde Oleanderschwärmer aus dem Mittelmeerraum zu uns. Die tropischen Falter pflanzen sich zwar fort, können bei uns den Winter aber nicht überstehen.

Generationenfolge im Jahr

Jan Feb März Apr Mai Juni Juli Aug Sep Okt Nov Dez

Wanderfalter aus dem tropischen Afrika, der im Sommer einfliegt. Die Raupen verpuppen sich im August, die Puppen können den Winter meist nicht überstehen. Eine Generation pro Jahr. (Falter, Ei, Raupe, Puppe)

Apollofalter

Der König der Schmetterlinge

Der Anblick eines Apollofalters lässt das Herz jedes Naturfreundes höher schlagen. Das liegt nicht nur an seiner schönen Flügelzeichnung aus schwarzen und roten Flecken auf strahlend weißem Untergrund; auch nicht an seinem majestätisch gleitenden Flug, an dem ihn der Schmetterlingsfreund schon von weitem erkennt. Vielmehr ist der Apollo ein Sinnbild für intakte Natur geworden: Wo ein Apollo fliegt, da scheint die Welt noch in Ordnung.

Inzwischen fliegen nicht mehr viele dieser symbolträchtigen Falter in Deutschland, denn umgekehrt gilt leider auch: Wo die Natur ihrer Vielfalt beraubt wird, verschwindet der Apollofalter als einer der ersten. In Baden-Württemberg ist der traurige Rückgang sehr genau dokumentiert, von ehemals 60 Standorten ist nur noch ein einziger erhalten. Die Art ist in Deutschland vom Aussterben bedroht, weltweit wird sie durch das Washingtoner Artenschutzabkommen geschützt.

Hauptursache für diese akute Gefährdung ist der Rückgang geeigneter Lebensräume. Der Apollofalter und sein Nachwuchs benötigen offene, trockene und extrem magere Flächen, auf denen die wichtigste Raupennahrung noch in ausreichender Menge wächst. Es ist der Mauerpfeffer, auch Fetthenne genannt. Weil dieses anspruchslose Pflänzchen sich schwer tut im Konkurrenzkampf gegen wuchernde Büsche und Bäume, geht die Zahl der geeigneten Standorte in unseren Breiten stetig zurück. Paradoxerweise wurde das Aussterben des Apollofalters an vielen Standorten durch verstärkten Straßen- und Schienenbau hinausgeschoben, weil hier der Mauerpfeffer geeignete Wachstumsbedingungen vorfand.

Immer gefährlicher für den Falter aber sind die Schmetterlingssammler: Je seltener eine Art wird, desto teurer werden die letzten Falter bezahlt, die hinter Glas im privaten Hobbykeller als absonderliche Kostbarkeiten ihr trauriges Ende finden. Der Apollofalter ist eine der wenigen Schmetterlingsarten, die nachweislich durch Sammler in ihrem Bestand gefährdet waren und sind.

Seine letzten größeren Vorkommen hat der Apollofalter in den Alpen, er fliegt hier immer unterhalb der Waldgrenze; sein kleiner Bruder, der Alpenapollo, ist dagegen in Höhen über 2000 Metern zu Hause.

Der große weiße Falter ist in seiner Flügelzeichnung sehr variabel, meist haben die vier roten Flecken auf den Unterflügeln einen weißen Kern und sind von einem schwarzen Saum umgeben. Von Spezialisten werden bis zu 200 Rassen unterschieden.

Die roten Augenflecke setzt der Falter geschickt zur Abwehr von Feinden ein, indem er sie durch ruckartiges Auseinan-

Die pergamentartigen Flügel des Apollofalters kann man im Flug knistern hören. Die Zahl der roten Flügelflecke variiert stark und hat zu der unerfreulichen Sammelleidenschaft beigetragen.

derklappen der Flügel plötzlich präsentiert. Wenn das noch nicht ausreicht, kommt eine akustische Waffe hinzu: Der Falter kann durch das Reiben der Beine an den Flügelwurzeln ein deutlich hörbares Knistern erzeugen. Das bringt selbst den hungrigsten Angreifer von seinem Vorhaben ab – welcher Vogel hat schon Appetit auf ein knisterndes und zappelndes Ungetüm mit rot unterlaufenen Augen? Damit kann es sich der Apollofalter auch leisten, nach ausgiebigen Trinkgelagen auf Disteln und Skabiosen gelegentlich den Heimweg nicht mehr anzutreten und an der ergiebigen Necktarbar zu übernachten.

Im Spätsommer legt das Weibchen seine Eier in die Knospen vom Mauerpfeffer, die Raupen überwintern gut geschützt in der Eihülle. Im zeitigen Frühjahr schlüpfen sie und knabbern die frischen Triebe der Fraßpflanze an. Erst die ausgewachsene Raupe ist in der Lage, auch die dickfleischigen und ledrigen Blätter zu fressen. Das macht sie sogar in der größten Mittagshitze, ist dann aber sehr eilig unter-

wegs und schlingt hektisch die Happen hinunter. Zwischendurch sucht sie immer wieder schattige Plätze auf, sonst würde sie mit ihrer schwarzen, samtigen Behaarung und den wenigen orangefarbenen Punkten wohl in der Sonne verbrennen. Wie die Raupe des nah verwandten Schwalbenschwanzes verfügt auch der Nachwuchs des Apollofalters über eine rote Nackengabel, die zur Abwehr von Feinden plötzlich ausgestülpt wird und einen unangenehmen Geruch verströmt. Die Verpuppung erfolgt in einem bläulichweißen Gespinst, das sich die ausgewachsene Raupe am Boden baut. Anfang Juni schlüpft daraus der prächtige Apollofalter, der als heimlicher König unter den Schmetterlingen wie kein anderer die erhaltenswerte Vielfalt der Natur symbolisiert.

Das abgefressene Blatt belegt die Vorliebe dieser Art: nur Mauerpfeffer.

Verbreitung

Zerstreut in Europa. Einige Unterarten bis Ostasien.

Fraßpflanzen

Meist an Weißer, seltener an der Großen Fetthenne. Die jungen Raupen fressen die frischen zarten Triebe. Erst die ausgewachsenen Raupen fressen auch die dickfleischigen und ledrigen Blätter älterer Pflanzen.

Ansprüche

Die sehr nektarbedürftigen Falter benötigen sonnige, trockene Habitate mit magerem, steinigem Untergrund wie Geröllhalden und felsige Hänge. Die Bewaldung von ehemaligen Schafweiden, eine starke Reduzierung der Pflanzenvielfalt durch die Verwendung von Kunstdünger und die Nachstellung von Schmetterlingssammlern führten schon 1936 dazu, dass er unter Schutz gestellt wurde.

Generationenfolge im Jahr

Eine Generation im Jahr. Die Eier überwintern, im April schlüpfen die Raupen. Im Juni werden daraus die ersten Falter, die im Juli und August ihre Eier ablegen.
(Ei, Raupe, Puppe, Falter)

Spanische Fahne

Der Europäer

Dieser auch unter dem Namen „Russischer Bär" bekannte Nachtfalter ist wohl einer der schönsten Vertreter aus der Familie der Bärenspinner. Und erfreulicherweise ist er sowohl in der Nacht als auch am Tag aktiv.

Mit seinen auffällig schwarz-weiß gemusterten Flügeln ist „das Zebra unter den Schmetterlingen" leicht zu erkennen. Der lateinische Artname „quadripunctaria" weist auf die vier schwarzen Punkte am unteren Rand der Flügel hin. In der Ruhestellung sind sie flach zusammengelegt. Wird der Falter gestört, klappen die Oberflügel plötzlich zur Seite und geben den Blick frei auf die leuchtend roten Unterflügel und den gelben Hinterleib. Diese Schreckwirkung kann der Schmetterling ausnutzen, um pfeilschnell in das nächste Gebüsch oder ins Geäst umstehender Bäume zu entschwinden. Einmal aufgeschreckt, verbringt er oft den ganzen Tag im schützenden Versteck und nutzt die Nachtstunden, um erneut an seiner Nektarpflanze zu saugen.

Und in dieser Beziehung hat die Spanische Fahne eine eindeutige Vorliebe: den Wasserdost. Waldränder und Schluchten, in denen der Wasserdost üppig gedeiht, sind daher die bevorzugten Lebensräume dieses Schmetterlings. Sein ganzer Lebensrhythmus ist ideal an die späte Blütezeit dieser Pflanze angepasst. Nach langer Puppenruhe schlüpfen die Falter im Juli und fliegen bis in den frühen September. Dann legen die Weibchen ihre Eier ab, klugerweise nicht an Wasserdost, sondern an unterschiedlichste Kräuter und Sträucher. Die Raupen schlüpfen nach etwa zwei Wochen, sie sind strikt nachtaktiv und verstecken sich am Tag – es ist daher zu vermuten, dass viele der möglichen Fraßpflanzen noch nicht bekannt sind. Die Raupen zeigen bereits alle Farben des Fal-

ters: dunkelgrau mit kurzen Haarbüscheln auf orangeroten Warzen, seitlich gelbe und weiße Linien, der Kopf glänzend schwarz. Schon nach wenigen Wochen gehen die jungen Raupen in Winterruhe, erst im nächsten Frühjahr wird das frisch austreibende Grün genutzt, um zur vollen Größe heranzuwachsen. Ende Mai suchen sich die Raupen nach kurzer Wanderphase einen geeigneten Platz am Boden,

Gesellig und scheu. Wo die Spanische Fahne vorkommt, tritt sie immer in größeren Gruppen auf. Wird die Party gestört, verschwinden die Falter lautlos im Wald.

Typisch für die Falter aus der Familie der Bärenspinner ist die Farbkombination schwarz-gelb-rot.

um sich in einem feinen netzartigen Gespinst zu verpuppen. Mit etwa zwei Monaten dauert die Verwandlung zum Schmetterling erstaunlich lange – bis genau der Wasserdost zur Blüte kommt. Damit wird die Suche nach dem schönen Nachtfalter erheblich vereinfacht: wo kein Wasserdost, dort keine Spanische Fahne. Die Tageszeit spielt eine eher untergeordnete Rolle, in schönster Sonne oder warmen Nachtstunden sind die Falter an den Blütenständen anzutreffen, meist in geselligen Gruppen. Die größte Ansammlung dieser Art findet sich in einem kühlen Tal auf der Insel Rhodos, wo Tausende Falter den heißen Sommer an Felswänden und Baumstämmen überdauern. Seit jedoch dieses Rückzugsgebiet touristisch erschlossen wurde, sind die Falter in ihrer Ruhe stark gestört, lautes Händeklatschen schreckt meist Hunderte von Tieren auf, den erhöhten Energieaufwand können sie oft nicht kompensieren.
Die Spanische Fahne wurde von den Naturschutzbehörden der Europäischen Union unter besonderen Schutz gestellt: Eine von diesen Faltern besiedelte Fläche gilt seit 1992 als erhaltenswert gemäß der Flora-Fauna-Habitat-(FFH-)Richtlinie. Umso erfreulicher ist, dass der Bestand dieser Art in Baden-Württemberg seit Jahren deutlich zunimmt. So ist dieser Nachtfalter gelegentlich auch in waldnahen Gärten anzutreffen, hier ist der eingeführte Sommerflieder eine willkommene Alternative zum Wasserdost. An den nektarreichen Blütenständen kann er oft die ganze Nacht beobachtet werden, wenn er nicht durch starke Lichtquellen irritiert wird. Sollte es der Spanischen Fahne bei ihrer neuen Nektarquelle besonders gut gefallen, legt das Weibchen nach nächtlichem Liebesspiel vielleicht sogar seine Eier im Schutze der Dunkelheit an die eine oder andere Gartenpflanze. Spätestens im nächsten Frühjahr künden dann die ausgewachsenen farbenfrohen Raupen im naturnahen Garten von einer weiteren Ausbreitung dieses schönen Nachtfalters.

Spanische Fahne, *Euplagia quadripunctaria*, Familie: Bärenspinner (Arctiidae)

Verbreitung

Von der Iberischen Halbinsel über die gemäßigte Zone bis nach Russland; im Norden bis Skandinavien und im Süden über den Mittelmeerraum bis nach Vorderasien.

Fraßpflanzen

Die Raupen haben ein breites Spektrum an Fraßpflanzen, oft an Himbeere, Wiesen-Salbei und Fuchs-Greiskraut.

Ansprüche

Den Lebensraum dieses Bärenspinners bilden Lichtungen und Schlagfluren in Laubmisch-wäldern. Dabei werden sonnig trokkene und halbschattig feuchte Flächen gleichermaßen besiedelt. Sehr wichtig ist das Vorkommen von Wasserdost als Nektarlieferant. Durch die starke Verbreitung des Sommerflieders haben die Falter mancherorts eine alternative Nektarquelle gefunden.

Generationenfolge im Jahr

Eine Generation im Jahr. Die Spanische Fahne überwintert als Raupe und verpuppt sich erst im Juni. Die Falter schlüpfen im Sommer und legen gleich die Eier ab.
(Raupe, Puppe, Falter, Ei)

Nierenfleck-Zipfelfalter

Ein Bläuling ohne Blau

Äußerlich kaum zu erkennen, aber der Nierenfleck-Zipfelfalter gehört in die Familie der Bläulinge.

Was für Blumenfreunde die Astern und Herbstzeitlosen sind, bedeutet der Nierenfleck-Zipfelfalter für die Schmetterlingsliebhaber. Er ist ein „beweglicher Spätblüher", ein Falter, der erst auftaucht, wenn der Sommer seinen Zenit schon deutlich überschritten hat.

Das liegt allerdings nicht daran, dass der Falter so spät auf die Welt kommt. Experten haben herausgefunden, dass der Schmetterling, dessen Weibchen ein orangefarbenes Nierenemblem auf der Flügeloberseite trägt, so etwas wie eine Sommerpause einlegt. Die Falter schlüpfen zwar bereits Ende Juli, leben aber die ersten Wochen ihres neuen Lebens unauffällig und zurückgezogen.

Wenn dann aber ein warmer September einen guten Sommer abrundet und gar der Oktober noch goldene Zugaben im Programm hat, hat man – an den richtigen Stellen – gute Chancen auf Sichtkontakte.

Robust und sehr leicht zu entdecken: Die Eier leuchten in den laubfreien Wintermonaten strahlend weiß meist aus den Astgabeln der Schlehenbüsche hervor.

Gute Chancen auch deshalb, weil der Falter relativ standorttreu ist. Wo es ihm gefällt, bleibt er auch, ausgedehnte Wanderungen sind seine Sache nicht.
Gute Nierenfleck-Landschaften sind Waldränder, Obstbaum- und Gartenanlagen. Hier schätzt er sonnenbeschienene Blätter, besonders wenn seine Lieblings-Nutztiere in der Nähe sind: Blattläuse, denen er Honigtau abnimmt. Nicht minder lieb ist ihm überreifes Obst. Die Späte und auch die Kanadische Goldrute fliegt er ebenfalls gern an, seltener wird er auf Rainfarn, Weißklee und Wiesen-Bärenklau gesichtet.
Bevor er im Spätsommer und Herbst vollends zum Gartenfreund wird, nährt er sich häufig von den Blüten der Doldengewächse oder Brombeeren. In Birken hält er sich übrigens, seinem Zweitnamen „Birken-Zipfelfalter" zum Trotz, nur gelegentlich auf.
Bei der Eiablage achtet das Weibchen darauf, dass die Eier gegen Wind und Wetter gut geschützt sind, immerhin ist der Nierenfleck einer der wenigen Schmetterlinge, die im Ei- und nicht im Puppenstadium den Winter überleben. Die Raupen bevorzugen vor allem Schlehen, gern an alten Hecken, die frei stehen oder auch

Die Puppe liegt ungeschützt aber gut getarnt im Laub des Waldrandes. Die Reste der letzten Raupenhaut sind deutlich zu erkennen.

Auch die Raupe belegt die Verwandtschaft mit den Bläulingen: Asselform und ledrig-dicke Haut.

an Waldrändern oder Feldgehölzen liegen. Süßkirschen-Blätter werden weniger gern, aber auch gefressen, und Zwetschgen-Grün ist ebenfalls akzeptabel.
Die Raupen verpuppen sich frei am Boden, meist im Schutz einer dürren Laubstreu-Decke. Gartenfreunde, die „unordentlich" herumliegendes Laub nicht dulden, gehen – meist ohne es zu wissen – dem hübschen Tier an den Lebensnerv. Leider haben die meisten Gartenbesitzer wenig Verständnis für die Bedürfnisse von Raupen und anderem „Gewürm". Dabei würden schon ein paar unordentliche Ecken im Garten vielen Insekten und auch den Schmetterlingen helfen.
Immerhin gehört der Nierenfleck nicht zu den gefährdeten Arten, er ist aber auch nicht gerade häufig. Intensive Landwirtschaft, Düngung von Weiden und Wiesen sind einfach nicht schmetterlingsfreundlich. Sollte es im Rahmen der (vielfach versprochenen) Extensivierung der Landwirtschaft wieder mehr Magerwiesen, mehr ungespritzte Streuobstwiesen und Hecken geben, wäre das sicher sehr im Sinne eines Tieres, das wegen seiner Wärmeliebe Baden-Württemberg allen anderen Bundesländern vorzieht.

Die beiden Zipfel am Flügelende bilden die Fühler am Kopf nach: Ein Vogel, der nach dem falschen Ende des Falters schnappt, muss sich mit einem Stück Flügel begnügen.

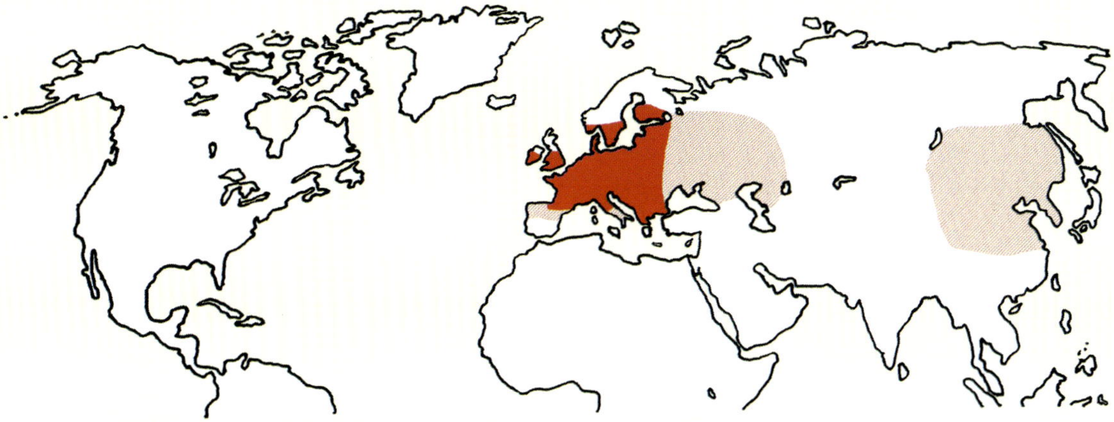

Verbreitung

Europa bis Westasien. Unsichere Nachweise in Ostasien.

Fraßpflanzen

Neben Schlehe auch Pflaume, Zwetschge und Süßkirsche.

Ansprüche

Mit einem hohen Anteil an Gebüschen stellen sowohl Waldränder und Lichtungen als auch Schrebergärten, Parks, Brachen oder Streuobstwiesen geeignete Lebensräume für den Nierenfleck-Zipfelfalter dar. Beliebt sind auch Gärten am Rande von Ortschaften.

Generationenfolge im Jahr

Eine Generation im Jahr. Die Eier überwintern, im April schlüpfen die Raupen. Im Juli schlüpfen die ersten Falter, die im Spätsommer ihre Eier legen.
(● Ei, Raupe, Puppe, Falter)

Wo sind sie geblieben?

Gefährdung und Schutz heimischer Schmetterlinge

Werden die heimischen Schmetterlinge immer seltener? Denken wir an unsere Kindertage zurück, erinnern wir uns vielleicht daran, wie wir ungestört hinter gaukelnden Faltern hinterher rannten. Heute sind sie kaum noch zu finden. Weder die blumenreichen Wiesen voller Insekten, in denen es summte und brummte, noch die bunten Schmetterlinge, die damals so häufig wie Blumen waren. Anfang der 1990er Jahre mussten 105 der 137 in Baden-Württemberg lebenden Tagfalter in die Rote Liste aufgenommen werden. Artenschützer weisen uns deshalb mit Recht darauf hin: Es ist fünf vor zwölf! Warum sind Schmetterlinge so selten geworden? Auf diese Frage gibt es viele Antworten, und sie haben leider oft mit den Ansprüchen und Bequemlichkeiten des modernen Menschen zu tun. Bauern planieren ihre Weinberge und Felder im Zuge der Flurbereinigung, durch Düngung und Maschinen verschwindet die Pflanzenvielfalt aus unseren Wiesen, die oft gemäht werden, bevor sie blühen. Dabei ist Pflanzenvielfalt nicht nur eine Voraussetzung für die Entwicklung der oft auf wenige Arten spezialisierten Schmetterlingslarven, auch die ausgewachsenen Falter benötigen die verschiedenartigen Blüten. Artenreicher Mischwald mit Espen und Weiden an seinen Rändern wird zu düsterem Fichtenforst. Und immer mehr Straßen zerschneiden die Natur, in der doch auch wir eigentlich Ruhe suchen. An unseren Autos zerschellen Abermilliarden Insekten. Wir sind es, die mit immer größerem Flächenverbrauch die Lebensräume der Schmetterlinge immer weiter einengen. Dabei freut es uns sehr, wenn wir nach dem Winter die ersten Schmetterlinge erblicken. Von den im Buch vorgestellten begegnen uns als erste im Jahr Zitronenfalter, Kleiner Fuchs und Tagpfauenauge. Sie haben den Winter als fertiges Insekt, als Schmetterling, überdauert und sind deswegen oft schon im März die ersten Vorfrühlingsboten. Die meisten Falter

überwintern jedoch als Ei oder Puppe, wenige nur im empfindlichen Raupenstadium. Admiral und Distelfalter fliegen im Frühling aus dem Süden bei uns ein, wie auch so mancher Schwärmer. Kennen wir einen Imker, kann er uns vielleicht den mystischen Totenkopfschwärmer zeigen, der gelegentlich in seine Bienenstöcke eindringt, um am Honig zu naschen.
Auch Windenschwärmer und Taubenschwänzchen wandern ein, und ihre Nachkommen begegnen uns dann im Spätsommer. Ein ganz seltener Gast ist der prächtige, tropische Oleanderschwärmer. Die riesigen Raupen bemerken wir erst, wenn dem Oleanderbusch die Blätter fehlen, so gut sind sie getarnt!
Mittlerer und Kleiner Weinschwärmer sowie Wolfsmilchschwärmer sind dagegen einheimisch, können hier die kalte Jahreszeit überstehen. Auch über Vertreter anderer Schmetterlings-„Familien" erfahren wir etwas in diesem Buch: den Hauhechel-Bläuling und den Nierenfleck, die zu den „Bläulingen" zählen oder über „Edelfalter" wie den C-Falter. Ein entfernter Verwandter des weltbekannten „Seidenspinners" ist unser Kleines Nachtpfauenauge, und selbst „Bären", so benannt nach ihren behaarten Raupen, existieren unter den Faltern. Die Spanische Fahne zählt dazu.
Den Apollofalter gibt es heute nur noch an einer einzigen Stelle in Baden-Württemberg. Früher waren es einmal 60!
– Warum es früher mehr Schmetterlinge gab, haben wir oben eigentlich viel zu kurz beredet. Denn die Antwort müssen wir für jede Art einzeln erforschen. 1.250 Falterarten wurden bei uns inzwischen auf ihre Gefährdung untersucht. Die Ergebnisse finden ihre Umsetzung im Artenschutzprogramm, das deutschlandweit als Beispiel gilt. Bleibt die Frage: Was können wir selbst tun?
So wird der Landkärtchenfalter, bei dem sich die orangebraune Frühlings- und die schwarze Sommergeneration so stark unterscheiden, dass sie wie zwei

verschiedene Arten erscheinen, durch Brennnesselsäume begünstigt. Die grüne, orange gepunktete Raupe des Schwalbenschwanzes entwickelt sich außer auf Trockenrasen auch auf Möhrenpflanzen in unserem Garten. Lassen wir sie weiter fressen, so werden wir mit den prächtigen Faltern belohnt. Es kommt auf unsere Einstellung an. Im Kleinen, vor unserer Haustür und im Garten, ebenso wie im Großen, in unserer auf permanentes Wachstum eingestellten Welt.

Eine Frage zum Schluss: Wie viele verschiedene Schmetterlingsarten gibt es auf der Welt? Zunächst muss man wissen, dass rund 90 Prozent aller Falter nur in der Nacht aktiv sind. Mehrere Tausend leb(t)en vor unserer Haustür, knapp 150.000 sind der Wissenschaft weltweit bekannt. Das heißt, ihnen haben Forscher einen eigenen Namen gegeben. Vermutlich sind in fernen Ländern aber noch viele Schmetterlinge unentdeckt und verschwinden von unserem Planeten, bevor wir sie je kennen lernten. – Wozu so viele? Warum muss man sie alle kennen? Sie zeigen uns die Vielfalt der Evolution, Schöpfung, oder wie immer wir es nennen mögen. Und selbst der kleinste Falter spielt seine Rolle im Gleichgewicht der Natur. Verschwindet der eine, fehlt einer Blume der Bestäuber oder einem Vogel die Nahrung. So gerät das natürliche Gleichgewicht aus den Fugen. Und schützen kann man nur, was man auch kennt.

Fördern sie es ruhig, wenn sich ihre Kinder für Insekten oder gar Schmetterlinge interessieren und verbieten sie nicht das maßvolle Sammeln. Machen Sie lieber die nächste naturkundliche Arbeitsgemeinschaft aus und ermöglichen Sie mit ihrer Hilfe das legale Sammeln. In Deutschland ist hierfür eine Ausnahmegenehmigung erforderlich, die beantragt werden muss. Denn nur, wenn wir auch in Zukunft Nachwuchs unter den Schmetterlings- und Insektenkundigen, den Entomologen, heranbilden, werden wir auch in Zukunft die Probleme in der Falterwelt bemerken und können zum Schutz der „gefährdeten Schönheit" beitragen.

Dr. Robert Trusch,
Kustos der Schmetterlingssammlung des Staatlichen Museums für Naturkunde Karlsruhe